Schnittpunkt 7

Mathematik – Differenzierende Ausgabe
Nordrhein-Westfalen

Arbeitsheft

herausgegeben von Matthias Janssen

erarbeitet von
Petra Hillebrand, Matthias Janssen, Klaus-Peter Jungmann, Karen Kaps,
Tanja Sawatzki-Müller, Uwe Schumacher, Colette Simon

Ernst Klett Verlag
Stuttgart · Leipzig

Liebe Schülerinnen und Schüler,

auf dieser Seite stellen wir euch euer Arbeitsheft für die 7. Klasse vor.

Die Kapitel und das Lösungsheft

In den einzelnen Kapiteln des Arbeitshefts werden alle Themen aus eurem Mathematikunterricht behandelt. Wir haben versucht, viele interessante und abwechslungsreiche Aufgaben zusammenzustellen, die euch beim Lernen weiterhelfen werden.

Alle Lösungen zu den Aufgaben stehen im Lösungsheft, das in der Mitte eingeheftet ist und sich leicht herauslösen lässt.

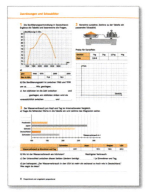

Übungsblätter

Zu allen wichtigen Bereichen der 7. Klasse findet ihr hier viele verschiedene Übungen. Damit ihr seht, wie eine Aufgabe gemeint ist, haben wir an einigen Stellen schon einen Aufgabenteil gelöst (orange Schreibschrift). Eure Antworten schreibt ihr auf die vorgegebenen Linien _____ oder in die farbigen Kästchen [   ]. Manchmal braucht ihr einen Zettel für Nebenrechnungen.

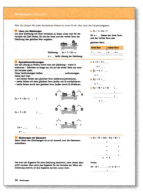

Merkzettel befinden sich am Ende von jedem Kapitel. Dort stehen alle wichtigen Regeln und Begriffe, die das Kapitel enthält. Damit ihr euch diese Begriffe leichter und auch dauerhaft merken könnt, sollt ihr auch diese Blätter selbst bearbeiten und lösen.

Training: Üben und Wiederholen. Die drei Trainingseinheiten im Heft wiederholen den neuen und auch den schon etwas älteren Stoff. Hier findet ihr Aufgaben zu allen davor liegenden Kapiteln.
Tipp: Schlagt in den Merkzetteln der vorigen Kapitel nach, wenn ihr auf ein Problem stoßt.

Der Wissensspeicher und das Register

Wisst ihr nicht, was ein Begriff bedeutet? Oder sucht ihr Übungen zu einem bestimmten Thema? Hier hilft das Register auf der letzten Seite. Alle mathematischen Begriffe der 7. Klasse könnt ihr dort nachschlagen. Von dort werdet ihr auf die Seite verwiesen, auf der ihr eine Erklärung des Begriffs findet.
Probiert es am besten gleich aus: Auf welcher Seite wird „Äquivalenzumformung" erklärt? _____

Zufallsversuch?

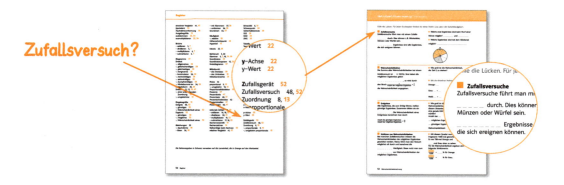

Nun kann es losgehen. Wir wünschen euch viel Spaß und Erfolg beim Lösen der Aufgaben.

Euer Autorenteam

Brüche addieren und subtrahieren

1 Ergänze die Rechenschlange. Notiere die Brüche vollständig gekürzt.

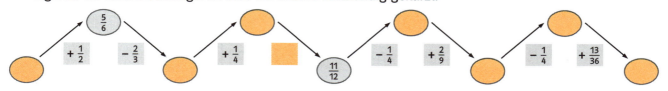

2 Entscheide, welches Zeichen richtig ist. <, = oder >?

a) $\frac{1}{3} + \frac{1}{2}$ ☐ $\frac{1}{3} + \frac{1}{4}$

b) $\frac{5}{6} - \frac{1}{7}$ ☐ $\frac{5}{6} - \frac{1}{8}$

c) $\frac{1}{3} + \frac{2}{5}$ ☐ $\frac{2}{7} + \frac{1}{3}$

d) $\frac{3}{4} - \frac{1}{3}$ ☐ $\frac{6}{8} + \frac{1}{12}$

e) $\frac{2}{9} - \frac{1}{18}$ ☐ $\frac{1}{3} - \frac{1}{18}$

f) $\frac{7}{12} - \frac{1}{2}$ ☐ $\frac{7}{12} - \frac{1}{3}$

g) $\frac{3}{4} - \frac{1}{4}$ ☐ $\frac{1}{3} + \frac{1}{6}$

h) $\frac{1}{4} + \frac{5}{6}$ ☐ $\frac{2}{3} + \frac{1}{4}$

i) $\frac{2}{5} - \frac{1}{3}$ ☐ $\frac{1}{5} + \frac{1}{15}$

3 Berechne die Aufgaben. Kürze das Ergebnis, so weit wie möglich. Jeder Bruch steht für einen Buchstaben, den die Tabelle angibt (Zähler: Spalten; Nenner: Zeilen).

a) $\frac{2}{3} + \frac{1}{4} = $ = _____

b) $\frac{1}{8} + \frac{1}{24}$ = _____

c) $\frac{1}{6} + \frac{1}{4}$ = _____

d) $\frac{1}{2} - \frac{1}{3}$ = _____

e) $\frac{2}{5} - \frac{1}{60}$ = _____

f) $\frac{3}{4} - \frac{2}{3}$ = _____

g) $\frac{3}{5} + \frac{1}{6} = $ = _____

h) $\frac{1}{2} - \frac{1}{9}$ = _____

i) $\frac{2}{3} - \frac{1}{4}$ = _____

j) $\frac{1}{5} + \frac{1}{6}$ = _____

k) $\frac{4}{5} - \frac{5}{12}$ = _____

l) $\frac{2}{15} - \frac{1}{60}$ = _____

m) $\frac{2}{9} + \frac{1}{18}$ = _____

	1	5	7	11	23
6	E	M	H	B	I
12	M	H	N	G	K
18	R	T	C	E	L
30	A	S	O	R	S
60	P	U	F	D	I

Lösungswort: __ __ __ __ __ __ __ __ __ __ __ __ __

4 In den Rechnungen wurden einige Brüche ausgewischt. Welche waren es?

a)
$\frac{1}{5}$ + $\frac{3}{10}$ = ☐
+   +   +
☐ + $\frac{1}{4}$ = ☐
_____
$\frac{17}{35}$ + ☐ = $1\frac{1}{28}$

b)
$\frac{5}{7}$ − ☐ = $\frac{3}{7}$
+   +   +
☐ − $\frac{1}{4}$ = ☐
_____
$1\frac{53}{84}$ − ☐ = $1\frac{2}{21}$

5 Beim Schwimmwettkampf kommt Peter 13 Hundertstelsekunden nach dem Sieger ins Ziel. Sein Freund Yahya schlägt drei Zehntelsekunden nach Peter an. Als letzter Schwimmer kommt Thomas eine Dreiviertelsekunde nach dem Sieger ins Ziel.

a) Um wie viele Sekunden war Yahya langsamer als der Sieger?

b) Wie viele Sekunden war Peter schneller als Thomas?

Rechnung: _____

Rechnung: _____

Antwort: _____

Antwort: _____

_____

_____

Multiplizieren von Brüchen

1 Veranschauliche die Aufgabe und ergänze das Ergebnis.

a)

$\frac{2}{3}$ von $\frac{5}{6} = \frac{5}{6} \cdot \frac{2}{3} = \underline{\quad}$

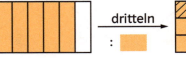 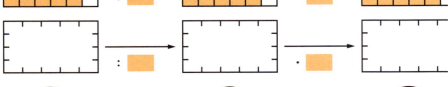

dritteln → zwei Drittel nehmen →

:   ·

b)

$\frac{3}{4}$ von $\frac{3}{5} = \frac{3}{5} \cdot \frac{3}{4} = \underline{\quad}$

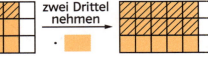 

→   →

:   ·

c)

$\frac{1}{3}$ von $\frac{2}{5} = \frac{2}{5} \cdot \frac{1}{3} = \underline{\quad}$

→   →

:   ·

2 Berechne. Kürze vor dem Multiplizieren.

a) $\frac{5}{8} \cdot \frac{4}{3}$ = $\frac{5 \cdot 4}{8 \cdot 3} = \frac{5 \cdot \not{4}}{2 \cdot \not{4} \cdot 3} = \frac{5}{6}$

b) $\frac{7}{8} \cdot \frac{8}{9}$ = _____

c) $\frac{6}{7} \cdot \frac{4}{9}$ = _____

d) $\frac{1}{12} \cdot \frac{9}{5}$ = _____

e) $\frac{3}{4} \cdot \frac{8}{15}$ = _____

f) $\frac{10}{9} \cdot \frac{6}{15}$ = _____

g) $\frac{7}{8} \cdot \frac{16}{21}$ = _____

h) $\frac{35}{36} \cdot \frac{27}{49}$ = _____

B | $\frac{4}{9}$

A | $\frac{8}{21}$ A | $\frac{2}{3}$

D | $\frac{15}{28}$ S | $\frac{2}{5}$

S | $\frac{3}{20}$ P | $\frac{7}{9}$ S | $\frac{5}{6}$

Lösungswort: $\underline{S}$ $\underline{\quad}$ $\underline{\quad}$ $\underline{\quad}$ $\underline{\quad}$ $\underline{\quad}$ $\underline{\quad}$

3 Berechne die Anteile von Größen.

a) Zwei Drittel von einer Viertelstunde: _____   b) Ein Viertel von einem halben Kilogramm: _____

c) Ein Sechstel von einem $\frac{3}{4}$ Meter: _____   d) Vier Fünftel von $\frac{1}{2}$ Liter: _____

4 a) Eine $\frac{3}{4}$-l-Flasche ist noch zu $\frac{2}{3}$ mit Apfelsaftschorle gefüllt. Wie viel Liter Schorle sind in der Flasche?

_____ Antwort: _____

b) In $\frac{1}{6}$ des 240 m² großen Gartens pflanzt Familie Peters Gemüse an. $\frac{1}{8}$ von dieser Fläche nutzt sie für Möhren.

Welcher Anteil am Garten ist das? _____ Antwort: _____

Wie viele Quadratmeter sind das? _____ Antwort: _____

5 Markiere den Fehler und rechne darunter richtig.

a) $\frac{4}{9} \cdot \frac{5}{9} = \frac{20}{9}$

b) $3 \cdot \frac{2}{5} = \frac{6}{15}$

c) $\frac{3}{4} \cdot \frac{7}{9} = \frac{10}{13}$

_____   _____   _____

6 Setze die passenden Zahlen ein.

a) $\frac{1}{\boxed{}} \cdot \frac{5}{12} = \frac{5}{48}$

b) $\frac{24}{5} \cdot \frac{3}{\boxed{}} = \frac{9}{20}$

c) $\frac{5}{6} \cdot \frac{\boxed{}}{11} = \frac{15}{22}$

d) $\frac{\boxed{}}{\boxed{}} \cdot \frac{2}{5} = \frac{2}{7}$

e) $\frac{6}{5} \cdot \frac{2}{\boxed{}} = \frac{\boxed{}}{25}$

f) $\frac{\boxed{}}{5} \cdot \frac{7}{36} = \frac{49}{30}$

Dividieren von Brüchen

1 Schreibe und rechne wie im Beispiel.

> Man dividiert durch einen Bruch, indem man den ersten Bruch mit dem _____ des zweiten multipliziert.

a) $\dfrac{3}{4} : \dfrac{2}{5} = \dfrac{3}{4} \cdot \dfrac{5}{2} = \dfrac{3 \cdot 5}{4 \cdot 2} = \dfrac{15}{8} = 1\dfrac{7}{8}$

b) $\dfrac{1}{4} : \dfrac{3}{2} = \dfrac{\square}{\square} \cdot \dfrac{\square}{\square} = \dfrac{\square \cdot \square}{\square \cdot \square} = \dfrac{\square}{\square} = \dfrac{\square}{\square}$

c) $\dfrac{3}{5} : \dfrac{2}{7} = \dfrac{\square}{\square} \cdot \dfrac{\square}{\square} = \dfrac{\square \cdot \square}{\square \cdot \square} = \dfrac{\square}{\square}$

d) $\dfrac{4}{5} : \dfrac{7}{3} = \dfrac{\square}{\square} \cdot \dfrac{\square}{\square} = \dfrac{\square \cdot \square}{\square \cdot \square} = \dfrac{\square}{\square}$

e) $\dfrac{2}{9} : \dfrac{1}{10} = \dfrac{\square}{\square} \cdot \dfrac{\square}{\square} = \dfrac{\square \cdot \square}{\square \cdot \square} = \dfrac{\square}{\square}$

f) $\dfrac{7}{11} : \dfrac{9}{2} = \dfrac{\square}{\square} \cdot \dfrac{\square}{\square} = \dfrac{\square \cdot \square}{\square \cdot \square} = \dfrac{\square}{\square}$

2 Kürze während der Rechnung wie im Beispiel und gib das Ergebnis als vollständig gekürzten Bruch an.

a) $\dfrac{8}{9} : \dfrac{2}{3} = \dfrac{8}{9} \cdot \dfrac{3}{2} = \dfrac{\cancel{2} \cdot 4 \cdot \cancel{3}}{3 \cdot \cancel{3} \cdot \cancel{2}} = \dfrac{4}{3} = 1\dfrac{1}{3}$

b) $\dfrac{48}{49} : \dfrac{66}{35} = \dfrac{48}{49} \cdot \dfrac{35}{66} = \dfrac{\cancel{6} \cdot 8 \cdot 5 \cdot \cancel{7}}{\cancel{7} \cdot 7 \cdot \cancel{6} \cdot 11} = \dfrac{\square}{\square} = \dfrac{\square}{\square}$

c) $\dfrac{42}{45} : \dfrac{14}{63} = \dfrac{\square}{\square} \cdot \dfrac{\square}{\square} = \dfrac{\square}{\square} = \dfrac{\square}{\square}$

d) $\dfrac{90}{91} : \dfrac{15}{7} = \dfrac{\square}{\square} \cdot \dfrac{\square}{\square} = \dfrac{\square}{\square} = \dfrac{\square}{\square}$

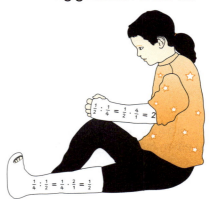

3 Rechne im Kopf.

a) $\dfrac{1}{3} : \dfrac{1}{2} = \dfrac{\square}{\square}$

b) $\dfrac{1}{3} : \dfrac{2}{1} = \dfrac{\square}{\square}$

c) $\dfrac{2}{3} : \dfrac{1}{3} = \dfrac{\square}{\square}$

d) $\dfrac{2}{3} : \dfrac{1}{2} = \dfrac{\square}{\square}$

e) $\dfrac{1}{6} : \dfrac{2}{3} = \dfrac{\square}{\square}$

f) $\dfrac{5}{6} : 6 = \dfrac{\square}{\square}$

4 Marie hat ihre drei besten Freundinnen zum Pizza-Essen eingeladen. Marie hat vier Pizzas gebacken. Während sie ihre Freundinnen begrüßt, hat ihr kleiner Bruder schon eine halbe Pizza gegessen. Für jedes Mädchen bleibt aber immerhin noch $\dfrac{\square}{\square}$ einer Pizza übrig.

5 Vereinfache die Doppelbrüche. Denke daran, so früh wie möglich zu kürzen.

a) $\dfrac{\frac{9}{16}}{\frac{3}{8}} = \dfrac{\square}{\square} : \dfrac{\square}{\square} = \dfrac{\square}{\square} \cdot \dfrac{\square}{\square} = \dfrac{\square}{\square}$

b) $\dfrac{\frac{6}{35}}{\frac{2}{7}} = \dfrac{\square}{\square} : \dfrac{\square}{\square} = \dfrac{\square}{\square} \cdot \dfrac{\square}{\square} = \dfrac{\square}{\square}$

6 Beim Dividieren von gemischten Zahlen musst du diese zuerst in Brüche umwandeln.

a) $1\dfrac{1}{2} : 2\dfrac{3}{4} = \dfrac{3}{2} \cdot \dfrac{4}{11} = \dfrac{3 \cdot \cancel{2} \cdot 2}{\cancel{2} \cdot 11} = \dfrac{6}{11}$

b) $2\dfrac{1}{3} : 3\dfrac{1}{2} = \dfrac{\square}{\square} \cdot \dfrac{\square}{\square} = \dfrac{\square}{\square} = \dfrac{\square}{\square}$

c) $1\dfrac{4}{5} : \dfrac{3}{10} = \dfrac{\square}{\square} \cdot \dfrac{\square}{\square} = \dfrac{\square}{\square} = \dfrac{\square}{\square}$

d) $\dfrac{8}{9} : 1\dfrac{1}{3} = \dfrac{\square}{\square} \cdot \dfrac{\square}{\square} = \dfrac{\square}{\square} = \dfrac{\square}{\square}$

Punkt vor Strich. Klammern

1 Berechne. Notiere auch das Zwischenergebnis.

a) $\frac{5}{9} + \frac{2}{3} \cdot \frac{4}{3}$ = _____ = _____

b) $\frac{1}{2} \cdot \left(\frac{3}{4} + \frac{2}{4}\right)$ = _____ = _____

c) $\frac{12}{14} : \frac{4}{7} - \frac{1}{2}$ = _____ = _____

d) $\left(\frac{4}{3} - \frac{1}{6}\right) : \frac{6}{7}$ = _____ = _____

e) $\frac{1}{4} \cdot \frac{2}{3} + \frac{5}{6}$ = _____ = _____

f) $\left(\frac{2}{6} + \frac{2}{5}\right) \cdot \frac{3}{11}$ = _____ = _____

g) $\frac{4}{5} \cdot \frac{5}{6} + \frac{4}{5} \cdot \frac{2}{3}$ = _____ = _____

h) $7 \cdot \frac{4}{5} - 7 \cdot \frac{1}{5}$ = _____ = _____

i) $7 : \left(\frac{2}{3} + \frac{1}{6}\right)$ = _____ = _____

2 Fülle die Rechenbäume aus. Kürze vor dem Rechnen, wo es möglich ist.

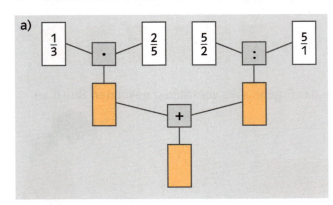
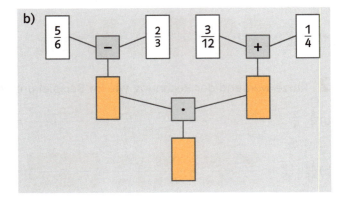

3 Ergänze die Rechenbäume mit der passenden Aufgabe. Berechne.
Zu einer Aufgabe musst du den Rechenbaum noch zeichnen.

a) $\frac{4}{5} \cdot \left(\frac{2}{3} + \frac{1}{4}\right)$ = _____

b) $\frac{3}{12} \cdot \frac{6}{3} + \frac{2}{3} \cdot \frac{8}{6}$ = _____

c) $\frac{5}{6} + \frac{1}{5} : \frac{2}{10} - \frac{1}{2}$ = _____

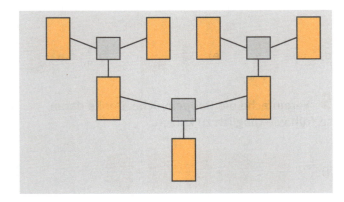
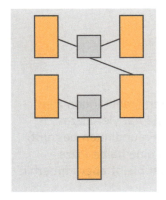

4 Fülle die Tabelle aus.

Aufgabe	Rechenausdruck	Ergebnis
a) Multipliziere die Summe aus $\frac{2}{3}$ und $\frac{7}{8}$ mit 2.		
b)	$\frac{1}{2} \cdot \left(\frac{4}{5} - \frac{1}{3}\right)$	
c) Vermindere die Differenz aus $\frac{4}{6}$ und $\frac{1}{3}$ um die Summe aus $\frac{1}{5}$ und $\frac{1}{10}$.		
d)	$\left(\frac{49}{24} : \frac{14}{36}\right) \cdot \left(\frac{2}{3} \cdot \frac{2}{7}\right)$	

Fülle die Lücken. Für jeden Buchstaben findest du einen Strich. Löse dann die Beispielaufgaben.

■ Brüche addieren und subtrahieren

Brüche mit gleichem Nenner addiert oder subtrahiert man, indem man

die _ _ _ _ _ _ addiert oder subtrahiert.

■ $\frac{1}{7} + \frac{5}{7} = \frac{}{}$

■ $\frac{6}{13} - \frac{2}{13} = \frac{}{}$

Brüche mit verschiedenen Nennern werden zuerst

_ _ _ _ _ _ _ _ _ _ _ _ gemacht.
Danach werden die Zähler addiert oder subtrahiert.

■ $\frac{1}{4} + \frac{2}{5} = \frac{}{20} + \frac{}{20} = \frac{}{}$

■ $\frac{11}{12} - \frac{5}{6} = \frac{}{} - \frac{}{} = \frac{}{}$

■ Brüche multiplizieren

Brüche multipliziert man, indem man Zähler mit _ _ _ _ _ _ und

Nenner mit _ _ _ _ _ _ multipliziert.
Denke an das Kürzen am Bruchstrich.

■ $\frac{2}{5} \cdot \frac{3}{7} = \frac{ \cdot }{ \cdot } = \frac{}{}$

■ $\frac{3}{10} \cdot \frac{5}{9} = \frac{}{} = \frac{}{}$

■ Brüche dividieren

Man dividiert durch einen Bruch, indem man mit dem

_ _ _ _ _ _ _ _ _ _ dieses Bruches multipliziert.
Vergiss das Kürzen nicht.

■ $4 : \frac{2}{3} = 4 \cdot \frac{3}{2} = \frac{}{} = \frac{}{}$

■ $\frac{4}{7} : \frac{9}{14} = \frac{}{} \cdot \frac{}{} = \frac{ \cdot }{ \cdot } = \frac{}{}$

■ $\frac{9}{15} : \frac{21}{20} = \frac{}{} \cdot \frac{}{}$

$= \frac{}{} = \frac{}{}$

■ Reihenfolge beim Berechnen

Zuerst werden _ _ _ _ _ _ _ _ berechnet,

dabei kommt die _ _ _ _ _ _ Klammer vor der _ _ _ _ _ _ _ .

■ $\frac{5}{4} \cdot \left(\frac{6}{7} - \frac{2}{7} \right) = \frac{}{} \cdot \frac{}{} = \frac{}{}$

■ $\frac{5}{7} \cdot \left(\left(\frac{3}{4} + \frac{1}{2} \right) : \frac{15}{12} \right) = \underline{}$

$= \underline{} = \underline{}$

Punktrechnung kommt vor _ _ _ _ _ _ rechnung.

■ $\frac{7}{9} - \frac{8}{9} \cdot \frac{1}{2} = \underline{}$

■ $\left(\frac{1}{8} + \frac{3}{4} \cdot \frac{5}{6} \right) : \frac{15}{24} = \underline{}$

$= \underline{} = \underline{}$

■ $\left(\frac{3}{8} - \frac{1}{16} \right) + \frac{5}{6} \cdot \frac{3}{10} = \underline{}$

$= \underline{} = \underline{}$

1 Die Bevölkerungsentwicklung in Deutschland: Ergänze die Tabelle und beantworte die Fragen.

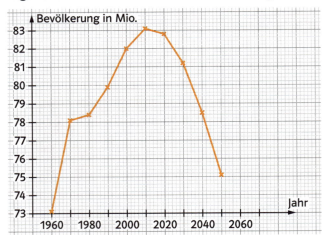

a)

Jahr	1960	1970		2000		2050
Bev. in Mio.			79,8		78,5	

b) Die Bevölkerungszahl ist zwischen 1960 und 1990

um ca. _____ Mio. gestiegen.

c) Am stärksten ist die Zahl zwischen _____ und

_____ gestiegen, am stärksten sinken wird sie

voraussichtlich zwischen _____ und _____ .

2 Berechne zunächst. Zeichne zu der Tabelle ein passendes Schaubild.

Preise für Kartoffeln

Gewicht	1 kg	2 kg	2,5 kg	4 kg
Preis	1,20 €			

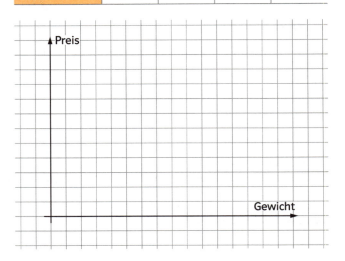

3 Der Wasserverbrauch pro Kopf und Tag im internationalen Vergleich.
a) Trage die fehlenden Werte in die Tabelle ein und zeichne das Diagramm weiter.

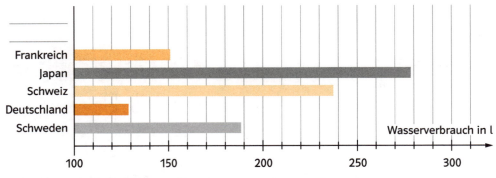

	Schweden		Japan		Belgien	USA
Wasserverbrauch je Einwohner und Tag		237 l		151 l	122 l	295 l

b) Wo ist der Wasserverbrauch am höchsten? _____ Niedrigster Verbrauch: _____

c) Der Unterschied zwischen diesen beiden Ländern beträgt _____ l je Einwohner und Tag.

d) Jan behauptet: „Der Wasserverbrauch in den USA ist mehr als sechsmal so hoch wie in Deutschland."
Was sagst du dazu?

_____

Proportionale Zuordnungen

1 Fülle die Tabellen aus.

1 Kugel Eis kostet 0,50 €

5 Lose kosten 7,50 €

1 kg Bücher für 3,50 €

a) Eiskugeln

Anzahl	1	3	5
Preis			

b) Lose

Anzahl	1	5	10
Preis			

c) Bücher

Anzahl kg	3	5	1,5
Preis			

2 Bestimme jeweils die Rechenvorschrift aus den Tabellen von Aufgabe 1.

a) Preis = _____ b) _____ c) _____

3 Berechne. Wähle einen geeigneten Zwischenschritt.

a) DIN-A4-Hefte

Anzahl	Preis
4	2,20 €
30	
	5,50 €
5	

b) Schulstunden

Anzahl	Minuten
2	90
3	
	270
18	

c) Käsepackungen

Anzahl	Gewicht
2	250 g
15	
	625 g
	1250 g

4 Entscheide, ob die Aufgaben proportional sind. Wenn ja, dann berechne sie. Wenn nicht, begründe.

a) Ein Kilogramm Tomaten kostet 1,20 €. Marion kauft 2,5 kg davon.	
b) Ein Storch kann 1500 km pro Tag zurücklegen. Wie lange braucht er für 5 km?	
c) Eine Sechserpackung Patronen kostet 1,60 €. Ein Zehnerpack kostet 2,79 €.	

5 In den USA wird die Geschwindigkeit mit Meilen pro Stunde (mph) angegeben; 80 km/h entsprechen ungefähr 50 mph. Wie schnell darf man fahren (in km/h), wenn das Schild 25, 55 oder 75 mph vorschreibt? Fülle zuerst die Wertetabelle aus und zeichne das passende Schaubild.

km/h	mph
	25
140	

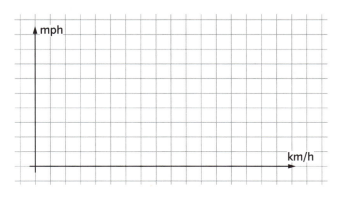

1 Ein Lottogewinn von 120 000 € soll gleichmäßig in einer Tippgemeinschaft aufgeteilt werden.
a) Gib in der Tabelle an, wie viel € jedes Mitglied der Tippgemeinschaft erhält, wenn diese aus einer bestimmten Anzahl von Personen besteht.
b) Zeichne den Graphen der Zuordnung Anzahl der Personen → Gewinn pro Person (in €). Beschrifte zuerst die Achsen des Koordinatensystems.

Anzahl der Personen	Gewinn pro Person (in €)
1	
2	
3	
4	
5	
6	
8	
10	

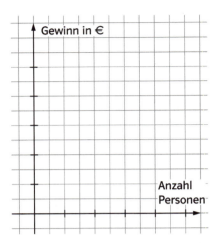

2 Die Goetheschule will ihre Klassenräume neu streichen lassen.
a) Berechne die fehlenden Angaben in der Tabelle und verdeutliche deine Rechnungen mit Pfeilen.

· 2

Anzahl der Maler	2	3		6
benötigte Arbeitszeit (in Tagen)	12	6		2

: 2

b) Für die Fertigstellung der Malerarbeiten benötigt man insgesamt _____ Arbeitstage. Diese Größe ist unabhängig von der Anzahl der arbeitenden Maler.

3 Vervollständige die Tabellen der umgekehrt proportionalen Zuordnungen. Die Kärtchen mit den richtigen Lösungen ergeben in der Reihenfolge ein Lösungswort.

Anzahl der Spieler	2		4	6		9
Anzahl der Karten	36	24			12	9

Geschwindigkeit (in km/h)			12	18	20	24
Zeit für bestimmte Wegstrecke (in h)	30	20	10		6	

Teilnehmerzahl beim Zeltlager		20		50	60	80
Lebensmittel reichen … Tage	84	42	28		14	

A | 7   N | 10½   S | 3

B | 6⅔   L | 5   E | 4

M | 30   T | 6⅓   O | 18

C | 20   E | 16⅘   I | 21   N | 8

U | 10   N | 6   N | 8

Lösungswort: __ __ __ __ __ __ __ __ __ __ __

4 a) Ein Rechteck soll den Umfang 16 cm haben. Fülle die Tabelle aus.

Länge (in cm)	1	2	3	4	5	6	7
Breite (in cm)							

b) Ist die Breite umgekehrt proportional zur Länge?

Begründe deine Antwort. _____

_____

5 Die beiden Tabellen gehören jeweils zu einer umgekehrt proportionalen Zuordnung. Finde die beiden Fehler und korrigiere sie.

a)

x	3	9	12	18	22
y	12	4	3	2	1,5

b)

x	5	10	15	20	45
y	3,6	1,8	1,2	0,8	0,4

Dreisatz (1)

1 Entscheide jeweils, ob es sich um eine proportionale (p) oder umgekehrt proportionale (up) Zuordnung handelt. Schreibe die entsprechende Abkürzung in das Kästchen und berechne dann die fehlenden Werte.

a) Kirschen p

Gewicht (kg)	Preis
5	17,00 €
11	
	30,60 €

b) Kosten für einen Busausflug

Anzahl Personen	Preis pro Person
4	9,00 €
6	
20	

c) Brötchen

Anzahl	Preis
15	3,90 €
10	
	6,50 €

d) Tee

Anzahl Packungen	Größe Packung
25	125 g
	50 g
50	

e) Futtervorrat

Tage	Tiere
12	84
8	
	21

f) Fahrkarten

Anzahl	Preis
16	20,80 €
12	
	13,00 €

2 Berechne die fehlenden Werte und zeichne das passende Schaubild dazu.

a) Preise für Eintrittskarten

Anzahl Karten	3	1	4	6
Preis in €	12,90			

b) Gewinnausschüttung

Anzahl Personen	3	1	4	6
Gewinn in €	60			

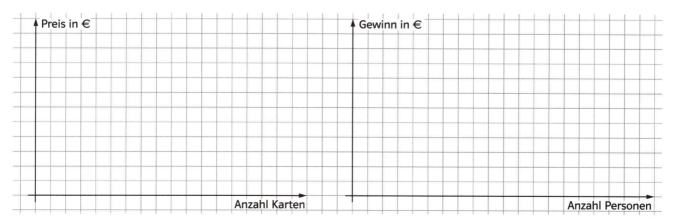

Hierbei handelt es sich um eine

_____ Zuordnung.

Hierbei handelt es sich um eine

_____ Zuordnung.

1 Fülle die Tabellen aus.

a) Umgekehrt proportionale Zuordnung

x	1	3	6	9
y		2,4		

b) Proportionale Zuordnung

x	4	6	12	15
y			9	

c) Umgekehrt proportionale Zuordnung

x		6	10	30
y	6,75	2,25		

d) Proportionale Zuordnung

x	3	4		
y	1,20		3,60	32,60

2 Jan möchte in den Urlaub nach Dänemark fahren und tauscht bei der Bank Geld um. Er tauscht 40 € um und bekommt dafür 300 DKK (Dänische Kronen). Damit er schneller umrechnen kann, legt er sich einen Graphen an. Berechne die fehlenden Angaben in der Tabelle und zeichne den Graphen dazu.

EUR	40	5	15	25
DKK				

EUR				
DKK	300	100	400	550

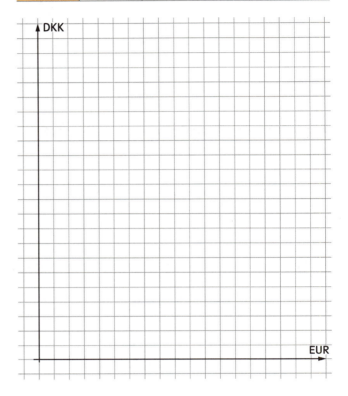

3 Kann man hier die Ergebnisse mit dem Dreisatz berechnen? Kreuze an und berechne.

Aufgabe	Möglichkeit		Ergebnis
	Ja	Nein	
a) Acht Äpfel sind bereits abgepackt. Die Früchte wiegen insgesamt 2,5 kg und sollen 2,90 € kosten.	○	○	1 kg Äpfel kostet _____ €.
b) Für eine Fahrt von drei Stationen mit dem Bus bezahlt man 1,20 €. Wie viel muss man für 10 Stationen bezahlen?	○	○	10 Stationen kosten _____ €.
c) Eine Maschine stanzt in einer Stunde 8 000 Plättchen aus Eisen. In wie vielen Minuten stellen zwei Maschinen 6 000 Plättchen her?	○	○	Zwei Maschinen benötigen _____ min.
d) Franziska kauft sich eine 20er-Karte für den Skilift für 28 €. Nachdem sie 12-mal gefahren ist, verkauft sie die Karte für 10 €. Wie viel Verlust hat sie gemacht?	○	○	Ihr Verlust beträgt _____ €.

Fülle die Lücken. Für jeden Buchstaben findest du einen Strich. Löse dann die Beispielaufgaben.

■ Zuordnung

Eine Zuordnung setzt zwei Größenbereiche zueinander in Beziehung. Jeder Eingabegröße wird eine

_ _ _ _ _ _ _ _ _ _ _ _ _ zugeordnet.
Eine Zuordnung kann dargestellt werden durch eine

_ _ _ _ _ _ _ _ _, ein _ _ _ _ _ _ _ _ oder
eine Rechenvorschrift, wie z. B.
Preis = Anzahl der Gurken · 1,10 €

■ Fülle die Tabelle aus.

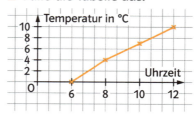

Uhrzeit	Temperatur
6	
8	
	7
	10

■ Proportionale Zuordnung

Eine Zuordnung heißt proportional, wenn dem Zweifachen, Dreifachen, … einer

_ _ _ _ _ _ _ größe das _ _ _ _ _ _ _ _,

_ _ _ _ _ _ _ _ _, … der Ausgabegröße
zugeordnet wird.
Bei dem Graphen einer proportionalen Zuordnung liegen alle Punkte auf einer Geraden,
die durch den Punkt (0 | 0) geht. Der Quotient (Eingabegröße : Ausgabegröße) ist ein konstanter

Wert. Er heißt Proportionalitäts _ _ _ _ _ _.

■ Für die doppelte Menge muss _____ so viel bezahlt werden. Ein Kilogramm Äpfel kostet

1,50 €. Für 4,50 € bekommt man also ___ kg Äpfel.

■ Zeichne das Schaubild.

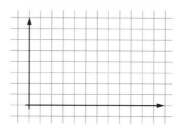

■ Umgekehrt proportionale Zuordnung

Eine Zuordnung heißt umgekehrt proportional, wenn

zu dem _ _ _ _ _ _ _ _ _ _,

_ _ _ _ _ _ _ _ _ _ _, … der Eingabegröße die Hälfte,
das Drittel, … der Ausgabegröße gehört. Zu einem
Drittel der Eingabegröße gehört also das

_ _ _ _ _ _ _ _ _ der Ausgabegröße. Bei dem
Graphen einer umgekehrt proportionalen Zuordnung

liegen alle Punkte auf einer _ _ _ _ _, der so
genannten Hyperbel.

■ Lies die Daten der umgekehrt proportionalen Zuordnung ab.

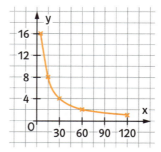

x	y
	2
30	
15	

■ Dreisatz

Ist eine proportionale Zuordnung gegeben, kann man mit dem Dreisatz auf das gesuchte Vielfache

schließen: durch _ _ _ _ _ _ _ _ vom Vielfachen
auf die Einheit und durch

_ _ _ _ _ _ _ _ _ _ _ _ _ von der Einheit auf
das gesuchte Vielfache.
Bei umgekehrt proportionalen Zuordnungen rechnet man mit dem **umgekehrten Dreisatz**. Der Division der Eingabegröße entspricht die

_ _ _ _ _ _ _ _ _ _ _ der Ausgabegröße.

■ Berechne mithilfe des Dreisatzes.

Anzahl der Personen	Kosten (€)
8	100
1	
12	

: 8   : 8

■ Berechne mithilfe des umgekehrten Dreisatzes.

Anzahl der Lastwagen	Fahrten pro Lastwagen
6	4
2	
4	

: 3   · 3
· 2   : 2

Rationale Zahlen

1 Trage auf der Zahlengeraden die folgenden Zahlen und ihre Gegenzahlen ein: 0,5; −0,8; 1,2; −1,5; 1,9. Markiere dabei Zahl und Gegenzahl mit der gleichen Farbe.

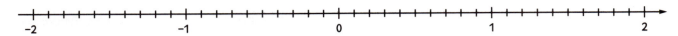

2 Schreibe als vollständig gekürzte Brüche.

a) −1,2 = $-\frac{12}{10}$ = $-\frac{6}{5}$ b) 0,4 = ___ = ___

c) 1,8 = ___ = ___   d) −0,5 = ___ = ___

e) 0,15 = ___ = ___   f) 2,2 = ___ = ___

3 Welchen Abstand haben Zahl und Gegenzahl auf der Zahlengeraden?

a) Zahl: 5,5; Gegenzahl: _____; Abstand: _____

b) Zahl: $\frac{7}{4}$; Gegenzahl: _____; Abstand: _____

4 Schreibe für jede Zahl den Buchstaben an die zugehörige Stelle an die Zahlengerade. Es ergibt sich ein Lösungswort zum Thema Antarktis.

R | −0,1   E | $\frac{1}{4}$ E | −0,2   Ä | $-\frac{6}{8}$ R | 0,85   T | $-\frac{9}{20}$ K | $\frac{12}{40}$ K | −0,95   O | $\frac{21}{30}$ L | $-\frac{3}{5}$ D | $\frac{45}{50}$

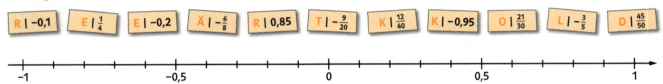

5 Schreibe die fehlenden Zahlen an die Zahlengeraden.

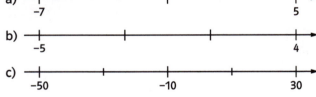

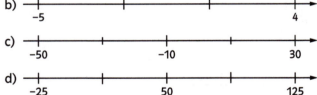

6 Welche Zahl liegt in der Mitte? Schreibe als gekürzten Bruch.

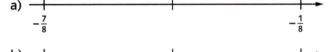

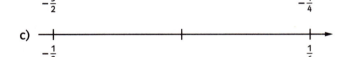

7 Setze das richtige Zeichen ein (<, > oder =).

a) −27 ☐ −31   b) −2,7 ☐ 3,1   c) 12 ☐ −11   d) −0,6 ☐ +0,2

e) 3 ☐ −3,2   f) −2,5 ☐ −2   g) $\frac{1}{2}$ ☐ 0,5   h) $-\frac{3}{4}$ ☐ $-\frac{4}{3}$

i) −2,23 ☐ −2,22   j) 1,02 ☐ −1,2   k) −5,08 ☐ −5,87   l) 0 ☐ −2,5

8 Ordne die Zahlen der Größe nach, beginne mit der kleinsten. Verbinde anschließend wie im Beispiel das orange Kästchen mit der entsprechenden Stelle auf der Zahlengeraden.

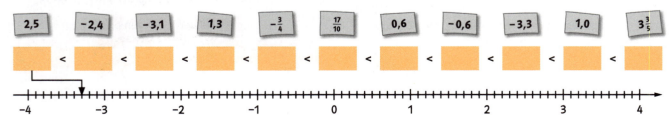

Das Koordinatensystem

1 Lies in der Figur die Koordinaten der Punkte ab.

A (|) B (|) C (|)

D (|) E (|) F (|)

G (|) H (|) I (|)

J (|) K (|) L (|)

M (|) N (|)

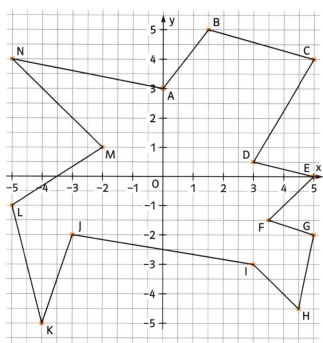

2 Zeichne in das Koordinatensystem aus Aufgabe 1 zusätzlich folgende Punkte ein und verbinde sie jeweils zu einem Dreieck.

a) O (−2,5 | 2); P (−0,5 | 2,5); Q (−2,5 | 3)
b) R (1,5 | 2,5); S (3,5 | 3); T (2 | 3,5)
c) U (−1 | 0); V (1 | 0); W (0 | 2)
d) X (−1 | −1); Y (1,5 | −2); Z (2,5 | −1,5)

3 Verbinde die Punkte in der vorgegebenen Reihenfolge. Wie geht es weiter?

A (−1,5 | 0,5) → B (−0,5 | 0,5) → C (−0,5 | −0,5) → D (0,5 | −0,5) →

E (0,5 | −1,5) →

F (−0,5 | −1,5) →

G (−0,5 | −2,5) →

H (|) →

I (|) →

J (|) →

K (|) →

L (|) → A

4 Wie geht das Muster weiter?

A (0 | 0) → B (0,5 | 0,5) → C (0 | 1) → D (−1 | 0) → E (0 | −1) →

F (1,5 | 0,5) →

G (0 | 2) →

H (−2 | 0) →

I (0 | −2) →

J (2,5 | 0,5) →

K (|) →

L (|) →

M (|) →

N (|)

5 Ermittle die Bildpunkte bei folgenden Abbildungen.

Ausgangs-punkte	Verschiebe die Ausgangspunkte um 2 Einheiten nach oben	Verschiebe die Bildpunkte um 3 Einheiten nach links
A (1	−1)	A' (1	1)	A'' (	)
B (−1 | 1,5)	B' (	)	B'' (	)
C (0 | −3)	C' (	)	C'' (	)
D (2 | −2)	D' (	)	D'' (	)

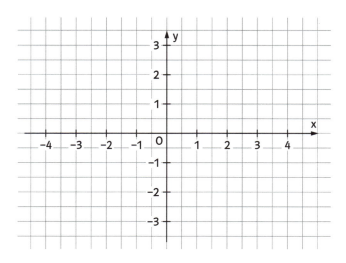

Addieren

1 Löse die folgenden Aufgaben und veranschauliche die Rechnungen an der Zahlengeraden durch Pfeile.

a) $(+5) + (-7) =$ _____

b) $(-2) + (+6) =$ _____

c) $(-5) + (+4) =$ _____

d) $0 + (-3) =$ _____

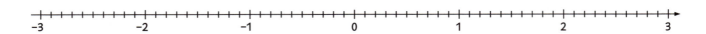

-5-4-3-2-1 0 1 2 3 4 5   -5-4-3-2-1 0 1 2 3 4 5   -5-4-3-2-1 0 1 2 3 4 5   -5-4-3-2-1 0 1 2 3 4 5

2 Löse wie bei Aufgabe 1. Veranschauliche alle Rechnungen in unterschiedlichen Farben an der Zahlengeraden.

a) $-2,7 + 0,4 =$ _____

b) $2,2 + (-1,2) =$ _____

c) $0,2 + (-1,2) =$ _____

d) $-1,3 + (-0,9) =$ _____

-3   -2   -1   0   1   2   3

e) $-0,8 + (-0,5) =$ _____

f) $-0,3 + 1,1 =$ _____

g) $2,9 + (-1,9) =$ _____

h) $-3 + 0,7 =$ _____

3 Rechne im Kopf. Addiere die untereinander stehenden Ergebnisse. Tipp: Die Summe ist für a) bis d) gleich.

a) $(+4) + (-6) =$ _____

$(-25) + (+23) =$ _____

Summe: _____

b) $(-4) + (+9) =$ _____

$(+12) + (-21) =$ _____

Summe: _____

c) $(-12) + (+5) =$ _____

$(-11) + (+14) =$ _____

Summe: _____

d) $(-17) + (-4) =$ _____

$(+21) + (-4) =$ _____

Summe: _____

4 Schreibe wie im Hinweiszettel ohne Klammern und berechne.

> $(-2) + (+5) = -2 + 5 = +3$
> $(-2) + (-5) = -2 - 5 = -7$

a) $(-9) + (+14) =$ _____ $=$ _____

b) $(-9) + (-14) =$ _____ $=$ _____

c) $(-14) + (+9) =$ _____ $=$ _____

d) $(-14) + (-9) =$ _____ $=$ _____

e) $(-19) + (-11) + (-5) =$ _____ $=$ _____

f) $(-25) + (+12) + (-7) =$ _____ $=$ _____

5 Schreibe das Ergebnis als vollständig gekürzten Bruch.

a) $-\frac{3}{4} + \left(-\frac{5}{4}\right) =$ _____

b) $-\frac{3}{8} + \frac{7}{8} =$ _____

c) $\frac{1}{6} + \left(-\frac{5}{6}\right) =$ _____

d) $-\frac{8}{5} + \frac{18}{5} =$ _____

e) $-\frac{1}{3} + \left(-\frac{1}{6}\right) =$ _____

f) $\frac{3}{11} + \left(-\frac{7}{22}\right) =$ _____

6 Fülle die Lücken aus.

a) $0,5 +$ _____ $= -0,5$

b) $-0,4 +$ _____ $= 1$

c) _____ $+ 0,3 = -0,4$

d) _____ $+ 0,8 = -0,6$

e) $-2,1 +$ _____ $= -1,1$

f) $-1,9 +$ _____ $= -1,2$

-1,4   -1   -0,7   0,7   1   1,4

7 Berechne.

+	17	-43	19	-494
-22				
-46				
100				
-378				

Subtrahieren

1 Schreibe wie im Beispiel und berechne.

Subtrahieren einer Zahl
=
Addieren der Gegenzahl

a) $(-8) - (+5) = \underline{(-8) + (-5) = -8 - 5 =}$

b) $(+8) - (+5) = \underline{(+8) + (-5) = 8 - 5 =}$

c) $(-16) - (+4) = $ _____

d) $(+16) - (+4) = $ _____

e) $(-33) - (+16) = $ _____

f) $(+33) - (+16) = $ _____

g) $(-30) - (+12) - (+8) = $ _____

2 Schreibe kürzer, wie im Beispiel, und berechne.

Statt $-+$ schreibt man kurz $-$

a) $(+7) - (+9) = \underline{7 - 9 =}$

b) $(-4) - (+2) = \underline{-4 - 2 =}$

c) $(+18) - (+20) = $ _____

d) $(-15) - (+7) = $ _____

e) $(+29) - (+8) - (+5) = $ _____

f) $(-7) - (+9) - (+11) = $ _____

3 Berechne im Kopf.

a) $0,7 - (-0,4) = $ ▭

b) $-0,2 - (+0,1) = $ ▭

c) $0,3 - 0,8 = $ ▭

d) $-\frac{7}{8} - \left(-\frac{3}{8}\right) = $ ▭

e) $-1,2 - $ ▭ $= -1,7$

f) ▭ $- (-1,5) = -1$

g) ▭ $- 0,5 = -0,4$

h) $\frac{1}{8} - \frac{3}{4} = $ ▭

4 Fülle die Tabelle aus.

$-$ ▭	$-0,1$	$0,2$	$-1,2$
$+1,6$	$1,7$		
$-3,4$			
$-1,7$			
$+0,01$			

5 Setze die Zahlenfolgen fort.

a)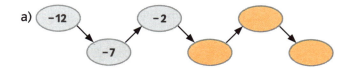

b)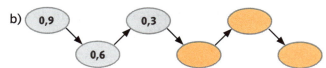

c)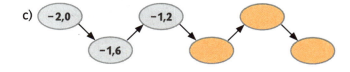

d)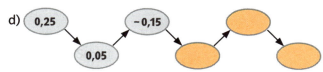

6 Berechne schrittweise.

a) $-\frac{1}{5} - \left(+\frac{1}{3}\right) = \underline{-\frac{3}{15} - \frac{5}{15} = -\frac{8}{15}}$

b) $-\frac{7}{2} - \left(-\frac{3}{4}\right) = $ _____

c) $\frac{5}{9} - \left(-\frac{2}{3}\right) = $ _____

d) $-\frac{5}{6} - \frac{1}{4} = $ _____

e) $\frac{5}{2} - (+6) = \underline{2,5 - 6 = -3,5}$

f) $-\frac{7}{2} - (-2) = $ _____

g) $-\frac{2}{5} - 0,6 = $ _____

h) $\frac{3}{4} - 0,8 = $ _____

Addition und Subtraktion. Klammern

1 Berechne von links nach rechts und bei c) die Klammern zuerst.
Kreuze an, welche Rechnung für dich am angenehmsten war.

a) $(-97) + 31 + (-3) =$ $-66 - 3 = -69$ ☐

 $(-97) + (-3) + 31 =$ _____ ☐

 $31 + (-3) + (-97) =$ _____ ☐

b) $(-17) + (-45) + (-33) =$ _____ ☐

 $(-33) + (-45) + (-17) =$ _____ ☐

 $(-17) + (-33) + (-45) =$ _____ ☐

c) $((-39) + (+14)) + ((-11) + (+16)) =$ _____ ☐

 $((-39) + (-11)) + ((+14) + (+16)) =$ _____ ☐

 $((-39) + (+16)) + ((+14) + (-11)) =$ _____ ☐

2 Rechne im Kopf.

a) $5 - 6 - 7 =$ _____ b) $3 - 5 + 9 =$ _____ c) $-9 - 5 + 3 =$ _____

d) $-11 + 8 + 4 =$ _____ e) $17 - 21 + 9 =$ _____ f) $33 - 44 - 14 =$ _____

g) $-27 + 53 - 20 =$ _____ h) $-64 + 38 + 24 =$ _____ i) $-11 - 12 - 13 =$ _____

j) $-2 - 12 + 5 =$ _____ k) $2 - 12 + 5 =$ _____ l) $2 + 12 + 5 =$ _____

m) $-2 - 12 - 5 =$ _____ n) $-2 + 12 - 2 =$ _____

 | -36 | | -25 | -19 |

	-11		
-5		-9	-8
	-2	1	5
7	8	19	6

3 Berechne.

a) $45 - (13 - 21) = 45 -$ ☐ $=$ ☐

c) $-7 + (18 + 12) = -7 +$ ☐ $=$ ☐

e) $87 - (97 - 103) = 87 -$ ☐ $=$ ☐

▽ Klammern zuerst!

b) $(-24 + 17) - 7 =$ ☐ $- 7 =$ ☐

d) $(15 - 31) + (-4) =$ ☐ $-$ ☐ $=$ ☐

f) $(68 - 124) - (-44) =$ ☐ $+$ ☐ $=$ ☐

Lösungswort: ___ ___ ___ ___ ___

L | -20 A | 32 I | 93 N | -12 B | 53 Y | 12 E | -14 R | 23

4 Finde die Fehler und korrigiere sie, indem du aus einem Minuszeichen ein Pluszeichen machst.
Vorsicht: Einmal wurde richtig gerechnet!

a) $-5 + 12 - 21 = -4$

b) $(5 - 12) - 21 = 14$

c) $6 - (56 - 4) = -54$

d) $(15 - 35) - (-5 - 25) = -10$

e) $(-9 - 27) - (-18 - 9) = -27$

f) $(-12 + 5) - (56 - 45) = 6$

g) $-7 - 28 - (14 - 49) = 0$

h) $(2 - 4) + (8 - 16) = -2$

i) $-35 - 7 - (17 - 5) = 16$

j) $(8 - 13) - 3 - 5 = -7$

5 Man kann Rechenvorteile nutzen, indem man die Reihenfolge der Zahlen vertauscht. Dabei musst du aber die ganze Aufgabe als reine Additionsaufgabe lesen, denn nur dann kann man die Reihenfolge der Summanden vertauschen.

Beispiel: $27 - 5 + 13 = 27 + (-5) + 13 = 27 + 13 + (-5) = 40 + (-5) = 40 - 5 = 35$

Die Zwischenschritte sollst du dabei im Kopf machen. Versuche es gleich mal.

a) $12 - 8 + 18 =$ ☐ b) $49 + 63 - 19 =$ ☐ c) $125 - 25 + 75 =$ ☐ d) $187 - 24 - 47 =$ ☐

e) $12 - 55 + 13 - 26 =$ ☐ f) $-8 - 632 + 8 =$ ☐ g) $-5 - 33 - 15 =$ ☐ h) $2 - 76 - 12 =$ ☐

Multiplizieren

1 Rechne im Kopf.

a) $2 \cdot (-3) =$ b) $-2 \cdot 3 =$ c) $(-2) \cdot (-3) =$ d) $(-2) \cdot (+3)=$

e) $5 \cdot (-13) =$ f) $(-7) \cdot 12 =$ g) $(-6) \cdot (-15) =$ h) $(-19) \cdot (+19) =$

2 Berechne schrittweise.

$1 \cdot (-2) =$ $1 \cdot (-2) \cdot 3 =$ $1 \cdot (-2) \cdot 3 \cdot (-4) =$

$1 \cdot (-2) \cdot 3 \cdot (-4) \cdot 5 =$ $1 \cdot (-2) \cdot 3 \cdot (-4) \cdot 5 \cdot (-6) =$

$1 \cdot (-2) \cdot 3 \cdot (-4) \cdot 5 \cdot (-6) \cdot 7 =$ $1 \cdot (-2) \cdot 3 \cdot (-4) \cdot 5 \cdot (-6) \cdot 7 \cdot (-8) =$

3 Ergänze die Multiplikationsmauern.

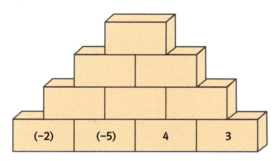
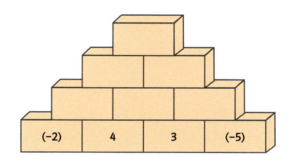

4 Berechne.

a) $-1,5 \cdot 2,3 =$ b) $20 \cdot (-5,1) =$ c) $(-1,9) \cdot (-0,25) =$

d) $(-3,6) \cdot (+9) =$ e) $4,4 \cdot (-7) =$ f) $1,7 \cdot (-0,7) =$

g) $(-1,2) \cdot (-18) =$ h) $120 \cdot (-120) =$ i) $1,11 \cdot (-1,2) =$

5 Fülle die Lücken aus.

a) $\cdot\ 5 = -12,5$ b) $6 \cdot$ $= -2,16$ c) $-2,6 \cdot$ $= 104$ d) $\cdot\ 7 = -1,19$

e) $\cdot\ (-1,3) = -1,69$ f) $\cdot\ 37 = -222$ g) $0,2 \cdot$ $= -5,12$ h) $-21 \cdot (-21) =$

6 Überschlage und verbinde dann mit dem richtigen Ergebnis.

$25,126 \cdot (-0,9)$	$123,9708$
$-25,23 \cdot (-0,8)$	$-22,6134$
$-52,35 \cdot 3,2$	$20,184$
$52,53 \cdot 2,36$	451
$49,2 \cdot (-0,6)$	$-167,52$
$(-41) \cdot (-11)$	$-29,52$

7 Berechne.

a) $\frac{1}{2} \cdot \left(-\frac{1}{2}\right) =$

b) $\frac{1}{2} \cdot \left(-\frac{1}{2}\right) \cdot \left(-\frac{1}{2}\right) =$

c) $\frac{1}{2} \cdot \left(-\frac{1}{2}\right) \cdot \left(-\frac{1}{2}\right) \cdot \frac{1}{2} =$

d) $\frac{1}{2} \cdot \left(-\frac{1}{2}\right) \cdot \left(-\frac{1}{2}\right) \cdot \left(-\frac{1}{2}\right) \cdot \left(-\frac{1}{2}\right) =$

Dividieren

1 Berechne im Kopf.

a) $240 : (-60) =$

b) $-135 : 15 =$

c) $-133 : (-19) =$

d) $176 : (-22) =$

e) $144 : (-36) =$

f) $(-180) : 15 =$

g) $(-738) : (-6) =$

h) $1332 : (-333) =$

i) $10\,100 : (-5) =$

2 Fülle die Lücken aus.

a) $(-4) \cdot$ _____ $= (-24)$

b) $(+4) \cdot$ _____ $= -92$

c) $63 = (-9) \cdot$ _____

d) _____ $\cdot (-18) = 126$

e) _____ $\cdot (-24) = 576$

f) $19 \cdot$ _____ $= (-399)$

3 Finde den Weg durch das Zahlenlabyrinth. Das Ergebnis jeder Aufgabe zeigt dir den Anfang der nächsten Aufgabe. Beginne links oben. Du musst jede Aufgabe rechnen und bei der Zahl 100 ankommen.

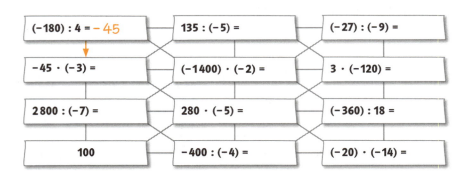

$(-180) : 4 = -45$	$135 : (-5) =$	$(-27) : (-9) =$
$-45 \cdot (-3) =$	$(-1400) \cdot (-2) =$	$3 \cdot (-120) =$
$2800 : (-7) =$	$280 \cdot (-5) =$	$(-360) : 18 =$
100	$-400 : (-4) =$	$(-20) \cdot (-14) =$

4 Bequeme Divisionen. Vorsicht: Eine Aufgabe kann nicht berechnet werden, streiche diese durch. In die richtige Reihenfolge gebracht, ergibt sich ein Lösungssatz.

a) $(-7) : (-7) =$

b) $(-6) : 1 =$

c) $(-5) : (-1) =$

d) $(-4) : 0 =$

e) $0 : (-3) =$

f) $1 : (-1) =$

g) $2 : (-1) =$

h) $(-2) : (-1) =$

nicht | −1	mit | −4	durch | 1	dieren | 2	ad- | 6

| man \| 0 | divi- \| −2 | soll \| 7 | Null \| −6 | muss \| 4 | kann \| −7 | darf \| 5 |

Lösungssatz: _____

5 a) Dividiere die Zahl $-13{,}6$ durch 8: _____

b) Bilde den Quotienten aus den Zahlen $-2{,}25$ und $-2{,}5$: _____

c) Mit welcher Zahl muss man 37 multiplizieren, um -259 zu erhalten? _____

d) Welche Zahl muss man durch -23 dividieren, um $0{,}5$ zu erhalten? _____

6 Führe folgende Divisionen aus, achte auf den Merksatz.

a) $\frac{1}{2} : \left(-\frac{1}{4}\right) =$ _____

b) $-\frac{5}{12} : \left(-\frac{15}{6}\right) =$ _____

c) $-\frac{36}{25} : \frac{24}{20} =$ _____

d) $3 : \left(-\frac{1}{3}\right) =$ _____

> Man dividiert durch einen Bruch, indem man mit dem _____ multipliziert.

Rechenarten verbinden

1 Rechne wie im Beispiel:

a) $2 - 4 \cdot (-3)$
= _2 − (−12)_
= _2 + 12 = 14_

b) $9 - 5 \cdot (+3)$
= _____
= _____

c) $10 - 8 \cdot (-5)$
= _____
= _____

d) $-6 \cdot (-3) - 5$
= _____
= _____

2 Berechne möglichst im Kopf.

a) $5 \cdot (-6 - 7) =$

b) $14 : (3 \cdot 11 - 31) =$

c) $5 - 12 + 3 \cdot (-2) =$

d) $(5 - 25) \cdot (64 : 16) =$

e) $-76 : 4 + (15 - 21) =$

f) $7 \cdot (-8) - 88 : (-8) =$

g) $(2 \cdot 3 - 8 \cdot 3) - 12 =$

h) $(21 - 6 \cdot 9) : (-3) =$

i) $-4 \cdot 13 - 5 \cdot 9 =$

3 Fülle die Lücken aus.

a) $0{,}5 + 3 \cdot$ _____ $= 0{,}8$

b) _____ $+ 2 \cdot 0{,}4 = 1$

c) $3 -$ _____ $\cdot 0{,}4 = 0{,}6$

d) $2{,}7 :$ _____ $- 0{,}4 = 0{,}5$

e) $2 \cdot (0{,}5 +$ _____ $) = 1{,}8$

f) _____ $\cdot (1{,}8 - 0{,}7) = 5{,}5$

g) $12 : (1{,}6 +$ _____ $) = 4$

h) _____ $: (2{,}8 - 1{,}3) = 2$

4 Berechne schrittweise.

a) $(12 - (-5)) \cdot (30 - 5 \cdot 7)$
= _____
= _____
= _____

b) $25 - 3 \cdot (14 - 6 \cdot 3) : 2 + 11$
= _____
= _____
= _____

c) $(9 - 19) \cdot (6 - 16) + 250 : (-5)$
= _____
= _____
= _____

5 Berechne auf zwei Weisen wie im Beispiel.

a) $5 \cdot 0{,}7 + 5 \cdot 2{,}3 =$ _$5 \cdot (0{,}7 + 2{,}3) = 5 \cdot 3 = 15$_
   $5 \cdot 0{,}7 + 5 \cdot 2{,}3 =$ _$3{,}5 + 11{,}5 = 15$_

b) $3 \cdot 1{,}1 + 3 \cdot 1{,}9 =$ _____
   $3 \cdot 1{,}1 + 3 \cdot 1{,}9 =$ _____

c) $4{,}3 \cdot 4 - 2{,}8 \cdot 4 =$ _____
   $4{,}3 \cdot 4 - 2{,}8 \cdot 4 =$ _____

d) $5 \cdot 6{,}1 - 5 \cdot 5{,}6 =$ _____
   $5 \cdot 6{,}1 - 5 \cdot 5{,}6 =$ _____

6 Welchen Rechenvorteil würdest du aus dem Angebot wählen? Kannst du die Aufgaben dann im Kopf rechnen? Die Buchstaben in der Reihenfolge der Aufgaben ergeben ein Lösungswort.

a) $4 \cdot (2{,}5 + 1{,}1) =$ _____

b) $12{,}25 + (-3{,}17) + (-2{,}83) =$ _____

c) $0{,}25 \cdot 0{,}29 \cdot 4 =$ _____

d) $80 \cdot 1{,}5 \cdot 0{,}125 =$ _____

e) $63{,}7 + (-12{,}8) + (-13{,}7) =$ _____

f) $2{,}33 \cdot 7 + 2{,}33 \cdot 3 =$ _____

g) $2{,}4 \cdot 0{,}5 \cdot 2 =$ _____

h) $\left(\frac{11}{3} - \frac{7}{6}\right) \cdot 6 =$ _____

Verbinde zuerst die beiden letzten Summanden. **A**

Verbinde zuerst die beiden letzten Faktoren. **I**

Vertausche erst die Summanden. **H**

Klammere zuerst einen gemeinsamen Faktor aus. **E**

Vertausche erst die Faktoren. **N**

Multipliziere aus. **M**

Fülle die Lücken. Für jeden Buchstaben findest du einen Strich. Löse dann die Beispielaufgaben.

■ **Rationale Zahlen**
Die positiven und negativen Bruchzahlen einschließlich der Null heißen rationale Zahlen. Die Menge der rationalen Zahlen wird mit $\mathbb{Q}$ bezeichnet.

■ **Beispiele** für rationale Zahlen:
$\frac{1}{3}$; 1,4 und $-\frac{6}{5}$

■ **Koordinatensystem**
Das Quadratgitter wird nach unten und links erweitert und wird so zum Koordinatensystem. Die waagerechte Achse nennt man x-Achse,

die _ _ _ _ _ _ _ _ _ _ Achse nennt man y-Achse.
Die x-Werte und die y-Werte eines Punktes nennt man auch die **Koordinaten** des Punktes.

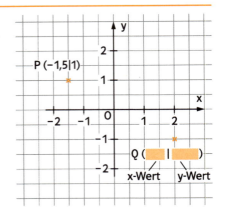

■ **Addieren**

Gleiche Vorzeichen:	• Zahlen ohne Berücksichtigung der Vorzeichen **addieren**.
	• Ergebnis erhält das gemeinsame Vorzeichen.
Verschiedene Vorzeichen:	• Zahlen ohne Berücksichtigung der Vorzeichen **subtrahieren**.
	• Ergebnis erhält das Vorzeichen derjenigen Zahl, die weiter von Null entfernt ist.

■ $(+5) + (+7) = $ _____

■ $(-5) + (-7) = $ _____

■ $(+5) + (-7) = $ ___

■ $(-5) + (+7) = $ ___

■ **Subtrahieren**
Das Subtrahieren einer rationalen Zahl ist dasselbe

wie das Addieren der _ _ _ _ _ _ _ _ _ _.

■ $(+5) - (+7) = (+5) + (-7) = $ ___

$(-5) - (-7) = (-5) + (+7) = $ ___

$(+5) - (-7) = (+5) + (+7) = $ ___

■ **Multiplizieren und Dividieren**

Gleiche Vorzeichen:	• Das Produkt und der Quotient sind _ _ _ _ _ _ _ _.
Verschiedene Vorzeichen:	• Das Produkt und der Quotient sind _ _ _ _ _ _ _ _.

■ $(-5) \cdot (-7) = $ ___

■ $(-48) : (-4) = $ ___

■ $(+5) \cdot (-7) = $ ___ $(-24) : (+6) = $ ___

■ **Verteilungsgesetz**

Ausklammern

$(-3) \cdot 7 + (-3) \cdot 13 = (-3) \cdot (7 + 13)$

Ausmultiplizieren

■ $3,4 \cdot 2,6 + 3,4 \cdot 2,4$
$= 3,4 \cdot (2,6 + 2,4) = 3,4 \cdot 5 = 17$

■ $10 \cdot (2,6 - 1,8)$

$= 10 \cdot 2,6 - 10 \cdot $ _____

$= 26 - $ _____ $= $ _____

■ **Berechnen von Rechenausdrücken**

_ _ _ _ _ _ _ _ _ _ _ _ _ _ vor Strichrechnung

_ _ _ _ _ _ _ _ werden zuerst berechnet.

_ _ _ _ _ _ Klammern vor äußeren Klammern

■ $2 \cdot 18 - 8 \cdot 0,5 = $ _____ $- $ ___ $= $

■ $7 \cdot (8 - 9) \cdot 10 = 7 \cdot $ ___ $\cdot 10 = $ _____

■ $9 - (12 - (8 - 5)) = 9 - (12 - $ ___ $) = $ ___

1 Ergänze so, dass die Summe der Zahlen einer Strecke immer die Zahl in der Mitte ergibt.

a)

b)

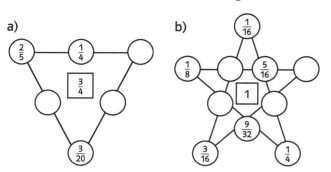

2 Vervollständige das Rechennetz.

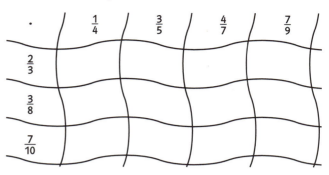

3 Setze Klammern so, dass die Aussage wahr wird.

a) $\frac{4}{5} : \frac{1}{5} + \frac{2}{3} = \frac{12}{13}$

b) $\frac{1}{4} + \frac{4}{15} : \frac{2}{3} + \frac{2}{5} = \frac{1}{2}$

c) $\frac{6}{7} - \frac{1}{14} : \frac{22}{28} - \frac{1}{4} = \frac{3}{4}$

d) $\frac{3}{4} - \frac{1}{8} \cdot \frac{4}{5} - \frac{1}{5} = \frac{3}{8}$

4 Welches Schaubild passt zu welcher der Aussagen a) bis c)? Trage den Buchstaben in die Tabelle ein.

A   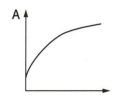   B      C   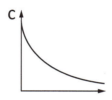   D   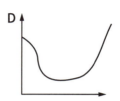   E   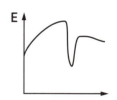

Aussage	Schaubild
a) Kurz nach der Einführung des Euros verlor dieser gegenüber dem Dollar stark an Wert. Mittlerweile konnte er sich erholen und sogar die Anfangsmarke überschreiten.	
b) Nachdem ein 100-m-Läufer kurz nach dem Start seine Höchstgeschwindigkeit erreicht hat, kann er diese Geschwindigkeit fast bis zum Schluss halten.	
c) Die Aktie hatte seit Jahresbeginn einige Monate stark an Wert zugenommen, war dann aber eingebrochen und konnte sich davon nur etwa zur Hälfte erholen. Seitdem fällt der Wert langsam weiter.	

5 Setze die Reihen fort.

a) $-1 \xrightarrow{+(-0,7)} -1,7 \xrightarrow{+(-0,8)} \underline{\hspace{1cm}} \xrightarrow{+(-0,9)} \underline{\hspace{1cm}} \xrightarrow{+(-1)} \underline{\hspace{1cm}} \xrightarrow{+(-1,1)} \underline{\hspace{1cm}}$

b) $-10 \xrightarrow{-(-1,2)} \underline{\hspace{1cm}} \xrightarrow{-(-1,3)} \underline{\hspace{1cm}} \xrightarrow{-(-1,4)} \underline{\hspace{1cm}} \xrightarrow{-(-1,5)} \underline{\hspace{1cm}} \xrightarrow{-(-1,6)} \underline{\hspace{1cm}}$

6 Berechne im Kopf.

a) Gummibärchen

Gewicht	Preis
150 g	1,20 €
50 g	
200 g	
	6,00 €

b) Popcorn

Gewicht	Preis
300 g	1,60 €
150 g	
450 g	
	4,00 €

c) Farbe

Menge	Fläche
500 ml	6 m²
100 ml	
	0,6 m²
750 ml	

Winkel im Schnittpunkt von Geraden

1 Kennzeichne die angegebenen Paare gleicher Winkel jeweils mit einer Farbe.
a) alle Scheitelwinkel

b) alle Stufenwinkel

c) alle Wechselwinkel

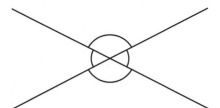 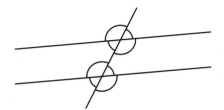 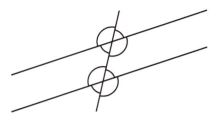

2 Die Geraden g und h sind parallel. Wie groß sind die Winkel α und β? Welche Winkelsätze hast du angewendet? (Schreibe **NW** für Nebenwinkel, **SchW** für Scheitelwinkel, **StW** für Stufenwinkel und **WW** für Wechselwinkel.)

> Scheitelwinkel sind gleich groß.

a)

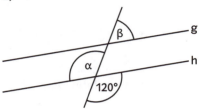

α = _____ als _____

β = _____ als _____

b)

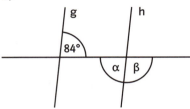

α = _____ als _____

β = _____ als _____

c)

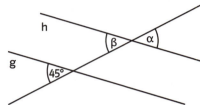

α = _____ als _____

β = _____ als _____

3 Bestimme für die Zeichnungen die Winkel $α_1$ bis $α_8$. Trage die Werte in die Tabelle ein und berechne jeweils die Lösungswinkel. Die zugehörigen Lösungsbuchstaben erhältst du so:

Lösungswinkel 13° bedeutet: der 13. Buchstabe im Alphabet: M

> Nebenwinkel ergeben zusammen 180°.

Rechnung	Lösungs-∢	Buchstabe
$(α_1 - 7°) : 5 = (72° - 7°) : 5$	13°	M
$α_2 : 12 - 8° =$		
$(α_3 - 12°) : 3 =$		
$(α_4 - 33°) : 10 =$		
$(α_5 - 4°) : 21 =$		
$α_6 : 2 - 20° =$		
$(α_7 - 10°) : 3 =$		
$(α_8 + 24°) : 5 =$		

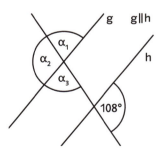

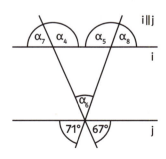

4 Sind die Geraden g und h parallel? Berechne die anderen Winkel, die du auf dem Blatt erkennst.
Trage die Winkel und ihre Größen ein.

a) g _____ h

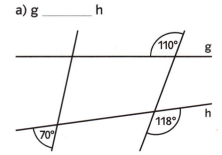

b) g _____ h

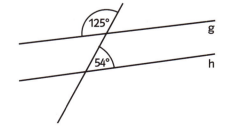

Winkelsumme im Dreieck

1 Berechne alle fehlenden Winkel und trage sie ein.

a)

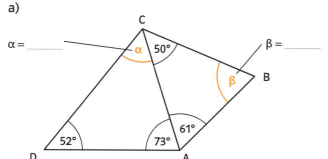

b)

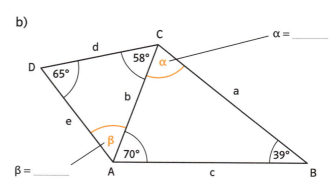

2 Berechne, falls möglich, den fehlenden Winkel im Dreieck.

	α	β	γ
a)	59°	86°	
b)	145°	55°	
c)	14°		140°
d)		90°	34°
e)	60°		75°
f)		45°	105°

3 Im Dreieck ist ein Winkel von 87° vorgegeben. Schreibe fünf Möglichkeiten für die beiden fehlenden Winkel auf.

a)		
b)		
c)		
d)		
e)		

4 Ist folgende Aussage wahr oder falsch?

	w	f
a) Ein Dreieck mit zwei 45°-Winkeln ist rechtwinklig.	○	○
b) Bei einem Dreieck mit zwei 80°-Winkeln ist der dritte Winkel 10° groß.	○	○
c) Es gibt ein Dreieck, bei dem der größte Winkel viermal so groß ist wie der kleinste.	○	○
d) Bei einem Dreieck mit einem 60°-Winkel sind die anderen beiden Winkel auch 60° groß.	○	○
e) Ein Dreieck kann einen Winkel von 0° haben.	○	○
f) Dreiecke mit zwei spitzen Winkeln haben einen stumpfen Winkel.	○	○
g) Dreiecke mit einem stumpfen Winkel haben noch zwei spitze Winkel.	○	○

5 Berechne alle fehlenden Winkel und trage sie in die Tabelle ein.

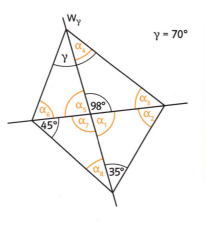

$\gamma = 70°$

α_1	
α_2	
α_3	
α_4	
α_5	
α_6	
α_7	
α_8	

6 Bestimme die Winkelgrößen.

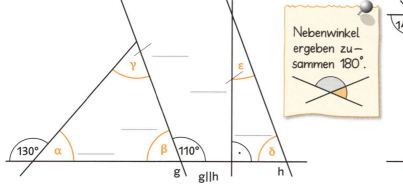

Nebenwinkel ergeben zu-sammen 180°.

7 Wie groß sind die drei Winkel α, β und γ?

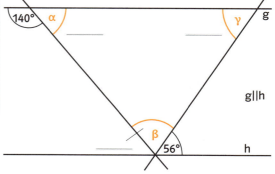

1 Trage die Nummern der Dreiecke richtig in die Tabelle ein.

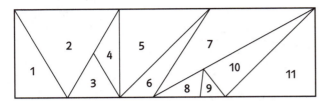

	spitzwinklig	rechtwinklig	stumpf-winklig
gleichseitig			
gleichschenklig, nicht gleichseitig			
allgemein			

2 a) In Figur A kann man _____ gleichschenklige und _____ gleichseitige Dreiecke entdecken.

b) In Figur B kann man _____ gleichschenklige, aber nicht gleichseitige Dreiecke entdecken.

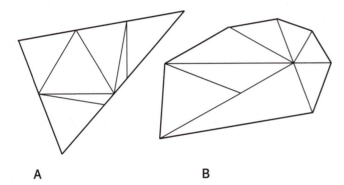

A   B

3 a) Welche Vierecke lassen sich aus zwei gleich großen gleichschenkligen Dreiecken legen? Zeichne deine Ergebnisse auf.

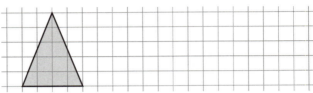

b) Welche Vierecke kannst du aus zwei gleich großen gleichseitigen Dreiecken legen?

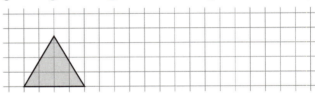

c) Schreibe die Namen der Vierecke zu den Abbildungen.

4 Bestimme die Winkel.

a) In einem rechtwinkligen Dreieck ist ein Winkel 23° groß, der dritte Winkel hat eine Größe von _____.

b) In einem gleichschenkligen Dreieck beträgt der Basiswinkel 34°. Der dritte Winkel beträgt _____.

c) In einem gleichseitigen Dreieck ist die Seite gegenüber dem Punkt A 7cm lang. Die drei Winkel betragen _____, _____ und _____.

d) Ein rechtwinkliges Dreieck mit einem 45°-Winkel ist auch ein _____ Dreieck.

e) Aus vier gleich großen gleichseitigen Dreiecken kann man ein _____ Dreieck legen.

f) Bei einem gleichschenkligen Dreieck mit einem Winkel von 38° könnten die anderen beiden Winkel _____ und _____ oder _____ und _____ groß sein.

5 Zeichne die Dreiecke in das Koordinatensystem und bestimme ihre Eigenschaften wie in Aufgabe 1.

a) A(1|1); B(4|1); C(1|5) _allgemein, rechtwinklig_

b) A(11|1); B(16|4); C(12|5) _____

c) A(3|6); B(10|13); C(4|12) _____

d) A(10|7); B(15|7); Q _____

e) A(7|1); B(9|6); C(6|6) _____

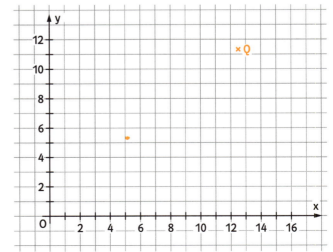

Konstruktion von Dreiecken

1 Markiere in den Skizzen die zur jeweiligen Konstruktionsmethode noch benötigten Teile in Rot.

a) SSS

b) WSW

c) SWS

2 Konstruiere das Dreieck. Markiere zunächst in der Planfigur die gegebenen Größen farbig und beginne mit der bereits gezeichneten Seite c = 6 cm.

a) (SSS) a = 3 cm; b = 5 cm

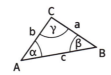

A ×————————————————————× B

b) (WSW) α = 35°; β = 80°

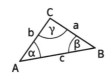

3 Tim, Tom und Timo sind gute Freunde. Abends funken sie immer miteinander. Timo muss leider umziehen und so machen sie sich Gedanken, ob die Reichweite der Funkgeräte von 5 km auch nach Timos Umzug noch ausreicht. Tim und Tom wohnen genau 4,5 km auseinander. Tim peilt Toms und Timos Häuser mit einem Kompass an. Er erhält 49° Differenz. Peilt Tom seine Freunde an, erhält er eine Kompassdifferenz von 83°. Bestimme die Entfernungen zeichnerisch.

Tim ×————————————————————× Tom

4 Wie breit ist das Haus? Das Dreieck des Giebels ist gleichschenklig. Im gleichschenkligen Dreieck sind die beiden Basiswinkel gleich groß. Bestimme die Hausbreite zeichnerisch. Zeichne für 1 m in der Natur 2 cm.

c) (SWS) α = 50°; b = 6,5 cm

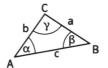

A ×————————————————————× B

Das Haus hat eine ungefähre Breite von _____ m.

Fülle die Lücken. Für jeden Buchstaben findest du einen Strich. Löse dann die Beispielaufgaben.

■ **Winkel im Schnittpunkt von Geraden**

_____	_____	an geschnittenen Paral-	an geschnittenen Paral-
sind gleich groß.	ergänzen sich zu 180°.	lelen sind gleich groß.	lelen sind gleich groß.

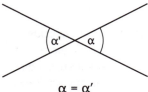

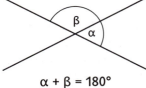

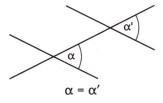

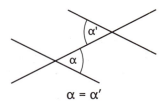

$\alpha = \alpha'$ $\alpha + \beta = 180°$ $\alpha = \alpha'$ $\alpha = \alpha'$

Lösungssatz: M __ __ __ __ __   __ __   __ __ __ __ __ __ __ __ __ __ __ __ ?

■ **Winkelsumme im Dreieck**

In einem Dreieck beträgt die __ __ __ __ __ der drei Winkel 180°.

$\alpha + \beta + \gamma =$ _____ °   ___ $= 180° - (\alpha + \gamma)$

■ **Dreiecksformen**

Einteilung nach __ __ __ __ __ __ __

spitzwinklig	__ __ __ __ Winkel sind kleiner als 90°.
rechtwinklig	Ein Winkel beträgt genau _____°.
stumpfwinklig	Ein Winkel ist __ __ __ __ __ __ als 90°.

Einteilung nach __ __ __ __ __ __

allgemein	Alle Seiten __ __ __ __ __ unter- schiedlich lang.
gleichschenklig	__ __ __ __ Seiten sind gleich lang.
gleichseitig	__ __ __ __ Seiten sind gleich lang.

gleichseitig und _____

spitzwinklig und _____

_____

_____

■ **Konstruktion von Dreiecken**

Um kongruente Dreiecke mit __ __ __ __ __ __ und Geodreieck konstruieren

zu können, benötigt man mindestens __ __ __ __ Stücke. Unterschieden wird zwischen folgenden Grundkonstruktionen für Dreiecke: Gegeben sind

• drei __ __ __ __ __ __ (SSS),

• zwei Seiten und der eingeschlossene Winkel (__ __ __),

• eine Seite und die beiden anliegenden Winkel (__ __ __),

• zwei Seiten und der Gegenwinkel der längeren Seite (__ __ __).

■ Markiere bei den Skizzen zu WSW, SWS und SsW die noch benötigten Stücke farbig.

SSS-Konstruktion

WSW-Konstruktion

SWS-Konstruktion

SsW-Konstruktion

Schnittpunkt 7

Mathematik – Differenzierende Ausgabe
Nordrhein-Westfalen

Lösungen zum Arbeitsheft

Brüche addieren und subtrahieren, Seite 3

1
Leere Felder enthalten: $\frac{1}{3}$; $\frac{1}{6}$; $\frac{5}{12}$; $+$ $\frac{1}{2}$; $\frac{2}{3}$; $\frac{8}{9}$; $\frac{23}{36}$; 1

2
a) $\frac{10}{12} > \frac{7}{12}$ b) $\frac{116}{168} < \frac{119}{168}$ c) $\frac{77}{105} > \frac{65}{105}$ d) $\frac{5}{12} < \frac{10}{12}$ e) $\frac{3}{18} < \frac{5}{18}$

f) $\frac{1}{12} < \frac{3}{12}$ g) $\frac{1}{2} = \frac{1}{2}$ h) $\frac{13}{12} > \frac{9}{12}$ i) $\frac{1}{15} < \frac{4}{15}$

3
a) $\frac{11}{12}$ b) $\frac{1}{6}$ c) $\frac{5}{12}$ d) $\frac{1}{6}$ e) $\frac{23}{60}$ f) $\frac{1}{12}$ g) $\frac{23}{30}$

h) $\frac{7}{18}$ i) $\frac{5}{12}$ j) $\frac{11}{30}$ k) $\frac{23}{60}$ l) $\frac{7}{60}$ m) $\frac{5}{18}$

Lösungswort: GEHEIMSCHRIFT

4

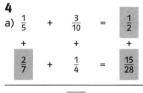

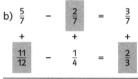

5
a) Rechnung: $\frac{13}{100} + \frac{3}{10} = \frac{43}{100}$
Somit war Yahya 43 Hundertstelsekunden langsamer als der Sieger.
b) Rechnung: $\frac{3}{4} - \frac{13}{100} = \frac{75}{100} - \frac{13}{100} = \frac{62}{100}$
Also war Peter 62 Hundertstelsekunden schneller als Thomas.

Multiplizieren von Brüchen, Seite 4

1
a) $\frac{10}{18}$
b) $\frac{9}{20}$

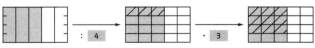

c) $\frac{2}{15}$

2
b) $\frac{7 \cdot \cancel{8}}{\cancel{8} \cdot 9} = \frac{7}{9}$ c) $\frac{2 \cdot \cancel{3} \cdot 4}{7 \cdot \cancel{3} \cdot 3} = \frac{8}{21}$ d) $\frac{1 \cdot \cancel{3} \cdot 3}{4 \cdot \cancel{3} \cdot 5} = \frac{3}{20}$

e) $\frac{\cancel{3} \cdot \cancel{4} \cdot 2}{\cancel{4} \cdot 5 \cdot \cancel{3}} = \frac{2}{5}$ f) $\frac{2 \cdot \cancel{5} \cdot 2 \cdot \cancel{3}}{3 \cdot \cancel{3} \cdot 3 \cdot \cancel{5}} = \frac{4}{9}$ g) $\frac{\cancel{7} \cdot \cancel{8} \cdot 2}{\cancel{8} \cdot 3 \cdot \cancel{7}} = \frac{2}{3}$

h) $\frac{5 \cdot \cancel{7} \cdot 3 \cdot \cancel{9}}{4 \cdot \cancel{9} \cdot 7 \cdot \cancel{7}} = \frac{15}{28}$

Lösungswort: SPASSBAD

3
a) $\frac{1}{6}$ h b) $\frac{1}{8}$ kg c) $\frac{1}{8}$ m d) $\frac{2}{5}$ l

4
a) $\frac{2}{3} \cdot \frac{3}{4}$ l $= \frac{1}{2}$ l. Es ist noch $\frac{1}{2}$ l Schorle in der Flasche.
b) $\frac{1}{8} \cdot \frac{1}{6} = \frac{1}{48}$. Die Möhren werden in $\frac{1}{48}$ des Gartens angepflanzt.
$\frac{1}{48} \cdot 240 \, m^2 = 5 \, m^2$. Das ist eine Fläche von 5 m².

5
Richtig ist:
a) $\frac{4 \cdot 5}{9 \cdot 9} = \frac{20}{81}$ b) $\frac{3 \cdot 2}{5} = \frac{6}{5}$ c) $\frac{\cancel{3} \cdot 7}{4 \cdot \cancel{3} \cdot 3} = \frac{7}{12}$

6
a) 4 b) 32 c) 9 d) $\frac{5}{7}$
e) Im Nenner: 5; Im Zähler: 12 f) 42

Dividieren von Brüchen, Seite 5

1
Auf dem Regelzettel wird ergänzt: Umkehrbruch
b) $\frac{1}{4} \cdot \frac{2}{3} = \frac{1}{6}$ c) $\frac{3}{5} \cdot \frac{7}{2} = \frac{21}{10} = 2\frac{1}{10}$ d) $\frac{4}{5} \cdot \frac{3}{7} = \frac{12}{35}$
e) $\frac{2}{9} \cdot \frac{10}{1} = \frac{20}{9} = 2\frac{2}{9}$ f) $\frac{7}{11} \cdot \frac{2}{9} = \frac{14}{99}$

2
b) $\frac{48}{49} \cdot \frac{35}{66} = \frac{\cancel{6} \cdot 8 \cdot 5 \cdot \cancel{7}}{\cancel{7} \cdot 7 \cdot \cancel{6} \cdot 11} = \frac{40}{77}$ c) $\frac{42}{45} \cdot \frac{63}{14} = \frac{6 \cdot 7 \cdot \cancel{9} \cdot \cancel{7}}{5 \cdot \cancel{9} \cdot 2 \cdot \cancel{7}} = \frac{42}{10} = 4\frac{1}{5}$
d) $\frac{90}{91} \cdot \frac{7}{15} = \frac{6 \cdot \cancel{15} \cdot \cancel{7}}{\cancel{7} \cdot 13 \cdot \cancel{15}} = \frac{6}{13}$

3
a) $\frac{2}{3}$ b) $\frac{1}{6}$ c) $\frac{2}{1}$ d) $\frac{4}{3}$ e) $\frac{1}{4}$ f) $\frac{5}{36}$

4
$3\frac{1}{2} : 4 = \frac{7}{2} : 4 = \frac{7}{8}$ Für jedes Mädchen bleibt $\frac{7}{8}$ einer Pizza übrig.

5
a) $\frac{9}{16} : \frac{3}{8} = \frac{9}{16} \cdot \frac{8}{3} = \frac{3}{2}$ b) $\frac{6}{35} : \frac{2}{7} = \frac{6}{35} \cdot \frac{7}{2} = \frac{3}{5}$

6

b) $\frac{7}{3} \cdot \frac{2}{7} = \frac{\cancel{7} \cdot 2}{3 \cdot \cancel{7}} = \frac{2}{3}$

c) $\frac{9}{5} \cdot \frac{10}{3} = \frac{3 \cdot \cancel{3} \cdot 2 \cdot \cancel{5}}{\cancel{5} \cdot \cancel{3}} = \frac{6}{1} = 6$

d) $\frac{8}{9} \cdot \frac{3}{4} = \frac{2 \cdot \cancel{4} \cdot \cancel{3}}{3 \cdot \cancel{3} \cdot \cancel{4}} = \frac{2}{3}$

Punkt vor Strich. Klammern, Seite 6

1

a) $\frac{5}{9} + \frac{8}{9} = \frac{13}{9}$

b) $\frac{1}{2} \cdot \frac{5}{4} = \frac{5}{8}$

c) $\frac{3}{2} - \frac{1}{2} = 1$

d) $\frac{7}{6} : \frac{6}{7} = \frac{49}{36}$

e) $\frac{1}{6} + \frac{5}{6} = 1$

f) $\frac{11}{15} \cdot \frac{3}{11} = \frac{1}{5}$

g) $\frac{2}{3} + \frac{8}{15} = \frac{6}{5}$

h) $\frac{28}{5} - \frac{7}{5} = \frac{21}{5}$

i) $7 : \frac{5}{6} = \frac{42}{5}$

2

a)
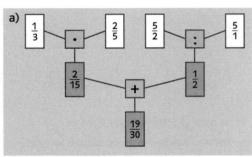

b)
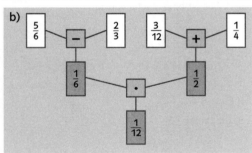

3

a) $\frac{11}{15}$
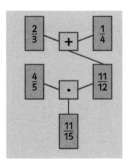

c) $1\frac{1}{3}$
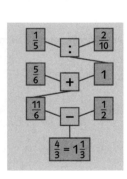

b) 1
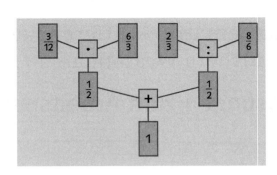

4

a) $\left(\frac{2}{3} + \frac{7}{8}\right) \cdot 2 = 3\frac{1}{12}$

b) Multipliziere die Differenz aus $\frac{4}{5}$ und $\frac{1}{3}$ mit $\frac{1}{2}$. Ergebnis: $\frac{7}{30}$

c) $\left(\frac{4}{6} - \frac{1}{3}\right) - \left(\frac{1}{5} + \frac{1}{10}\right) = \frac{1}{30}$

d) Multipliziere den Quotienten von $\frac{49}{24}$ und $\frac{14}{36}$ mit dem Produkt von $\frac{2}{3}$ und $\frac{2}{7}$. Ergebnis: 1

Rechnen mit Brüchen | Merkzettel, Seite 7

■ **Text:** Zähler; gleichnamig

Beispiele: $\frac{6}{7}$ $\frac{4}{13}$ $\frac{5}{20} + \frac{8}{20} = \frac{13}{20}$ $\frac{11}{12} - \frac{10}{12} = \frac{1}{12}$

■ **Text:** Zähler; Nenner   **Beispiele:** $\frac{6}{35}$ $\frac{1}{6}$

■ **Text:** Kehrbruch   **Beispiele:** 6 $\frac{8}{9}$ $\frac{4}{7}$

■ **Text:** Klammern; innere; äußeren; Strich

Beispiele: $\frac{5}{7}$ $\frac{5}{7}$ $\frac{1}{3}$ $\frac{6}{5}$ $\frac{9}{16}$

Zuordnungen und Schaubilder, Seite 8

1

a)

Jahr	1960	1970	1990	2000	2040	2050
Bev. in Mio.	73,1	78	79,8	82	78,5	75

b) Die Bevölkerungszahl ist zwischen 1960 und 1990 um ca. 6,7 Mio. gestiegen.

c) Die Zahl ist zwischen 1960 und 1970 am stärksten gestiegen, am stärksten sinken wird sie voraussichtlich zwischen 2040 und 2050.

2

2 kg kosten 2,40 €; 2,5 kg kosten 3,00 €; 4 kg kosten 4,80 €.

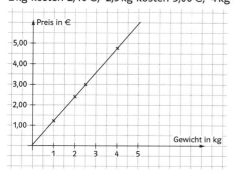

3

a) Aus dem Diagramm kann man ablesen:
Schweden – 189 l; Schweiz – 237 l; Japan – 279 l;
Frankreich – 151 l.

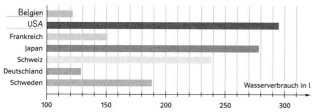

b) Der Wasserverbrauch ist am höchsten in den USA und am niedrigsten in Belgien.

c) Zwischen diesen zwei Ländern beträgt der Unterschied 173 l pro Tag und Einwohner.

d) Jans Behauptung stimmt nicht. Der Wasserverbrauch pro Kopf und Tag ist in den USA „nur" ca. 2,3-mal so hoch wie in Deutschland. (Jan darf nicht die Länge der Balken in der Grafik vergleichen, weil diese Darstellung erst bei 100 l anfängt.)

Proportionale Zuordnungen, Seite 9

1

a) 1 Eiskugel – 0,50 €; 3 Eiskugeln – 1,50 €;
5 Eiskugeln – 2,50 €

b) 1 Los – 1,50 €; 5 Lose – 7,50 €; 10 Lose – 15,00 €

c) 3 kg Bücher – 10,50 €; 5 kg Bücher – 17,50 €;
1,5 kg Bücher – 5,25 €

2

a) Preis = 0,50 € · x (x = Anzahl der Eiskugeln)

b) Preis = 1,50 € · x (x = Anzahl der Lose)

c) Preis = 3,50 € · x (x = Anzahl der kg Bücher)

3

a) DIN-A4-Hefte

	Anzahl	Preis	
:2	4	2,20 €	:2
·15	2	1,10 €	·15
:3	30	16,50 €	:3
	10	5,50 €	

b) Schulstunden

	Anzahl	Minuten	
:2	2	90	:2
·3	1	45	·3
·2	3	135	·2
	6	270	

c) Käsepackungen

	Anzahl	Gewicht	
:2	2	250 g	:2
·15	1	125 g	·15
:3	15	1875 g	:3
	5	625 g	

4

a) Proportional. 2,5 kg Tomaten kosten 3,00 €.

b) Nicht proportional: Es ist nicht bekannt, wie viel Pausen der Storch macht und ob seine Geschwindigkeit beim Fliegen konstant ist.

c) Nicht proportional. Die Patronen im Zehnerpack sind etwas teurer als diejenigen im Sechserpack.

5

km/h	mph
40	25
80	50
88	55
120	75
140	87,5

Umgekehrt proportionale Zuordnungen, Seite 10

1

a)

Anzahl der Personen	Gewinn pro Person (in €)
1	120 000
2	60 000
3	40 000
4	30 000
5	24 000
6	20 000
8	15 000
10	12 000

b)

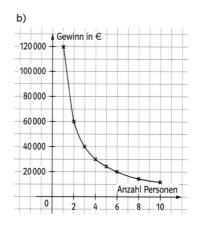

2

a)

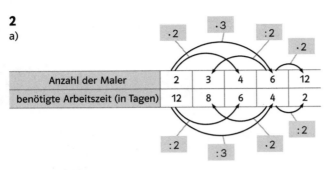

Anzahl der Maler	2	3	4	6	12
benötigte Arbeitszeit (in Tagen)	12	8	6	4	2

b) 24 Arbeitstage insgesamt

3

Lösungswort: SONNENBLUMEN

4

Länge (in cm)	1	2	3	4	5	6	7
Breite (in cm)	7	6	5	4	3	2	1

b) Nein. Da 2 → 6 gilt, müsste 4 → 3 gelten. Das ist nicht der Fall.

5

a) Die 22 ist falsch, sie muss durch 24 ersetzt werden, oder die 1,5 ist falsch, sie muss durch $\frac{18}{11}$ ersetzt werden.

b) Die 20 ist falsch, sie muss durch 22,5 ersetzt werden, oder die 0,8 ist falsch, sie muss durch 0,9 ersetzt werden.

Dreisatz (1), Seite 11

1

a) proportional

Gewicht (kg)	Preis
5	17,00 €
1	3,40 €
11	37,40 €
9	30,60 €

b) umgekehrt proportional

Anzahl Personen	Preis pro Person
4	9,00 €
2	18,00 €
6	6,00 €
20	1,80 €

c) proportional

Anzahl	Preis
15	3,90 €
5	1,30 €
10	2,60 €
25	6,50 €

d) umgekehrt proportional

Anzahl Packungen	Größe Packung
25	125 g
125	25 g
62,5	50 g
50	62,5 g

e) umgekehrt proportional

Tage	Tiere
12	84
4	252
8	126
48	21

f) proportional

Anzahl	Preis
16	20,80 €
4	5,20 €
12	15,60 €
10	13,00 €

2

a) siehe Figur 1

Anzahl Karten	3	1	4	6
Preis in €	12,90	4,30	17,20	25,80

Es handelt sich um eine proportionale Zuordnung.

b) siehe Figur 2

Anzahl Personen	3	1	4	6
Gewinn in €	60	180	45	30

Hierbei handelt es sich um eine umgekehrt proportionale Zuordnung.

Dreisatz (2), Seite 12

1

a)

x	1	3	6	9
y	7,2	2,4	1,2	0,8

b)

x	4	6	12	15
y	3	4,5	9	11,25

c)

x	2	6	10	30
y	6,75	2,25	1,35	0,45

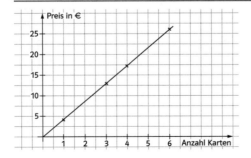

Fig. 1

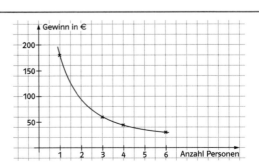

Fig. 2

d)

x	3	4	9	81,50
y	1,20	1,60	3,60	32,60

2

EUR	40	5	15	25
DKK	300	37,5	112,5	187,5

EUR	40	13,33	53,33	73,33
DKK	300	100	400	550

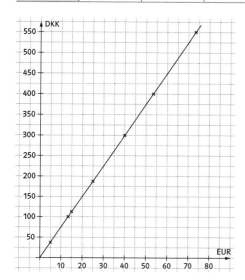

3

a) ja, 1 kg Äpfel kostet 1,16 €.

b) nein

c) ja, zwei Maschinen benötigen 22,5 min.

d) ja, ihr Verlust beträgt 1,20 €.

Proportional und umgekehrt proportional | Merkzettel, Seite 13

▓ **Text:** Ausgabegröße; Tabelle; Schaubild

Beispiele:

Uhrzeit	6	8	10	12
Temperatur	0	4	7	10

▓ **Text:** Eingabe; Doppelte, Dreifache; faktor

Beispiele: doppelt; 3 kg

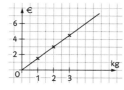

▓ **Text:** Zweifachen, Dreifachen; Dreifache; Kurve

Beispiele: 60   4   8

▓ **Text:** Division; Multiplikation; Multiplikation

Beispiele:

Anzahl der Personen	Kosten (€)
8	100
1	12,50
12	150

: 8   · 12   : 8   · 12

12   6

Rationale Zahlen, Seite 14

1

siehe Figur 1

2

b) $\frac{4}{10} = \frac{2}{5}$ c) $\frac{18}{10} = \frac{9}{5}$ d) $-\frac{5}{10} = -\frac{1}{2}$

e) $\frac{15}{100} = \frac{3}{20}$ f) $\frac{22}{10} = \frac{11}{5}$

3

a) $-5,5$; 11   b) $-\frac{7}{4}$; $\frac{14}{4} = 3,5$

4

siehe Figur 2

Lösungswort: KÄLTEREKORD

5

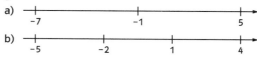

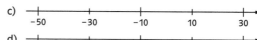

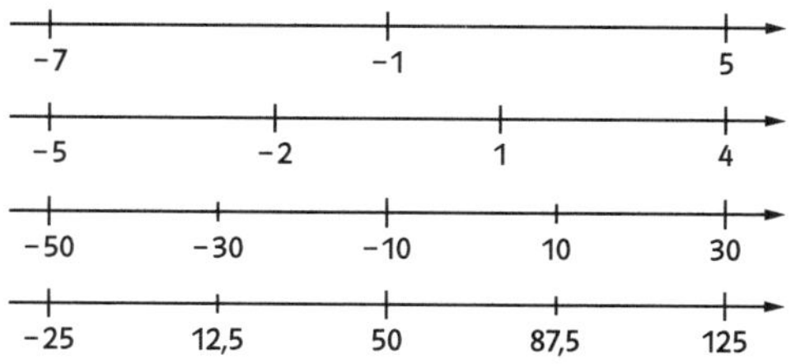

a) ... -7 ... -1 ... 5

b) ... -5 ... -2 ... 1 ... 4

c) ... -50 ... -30 ... -10 ... 10 ... 30

d) ... -25 ... 12,5 ... 50 ... 87,5 ... 125

6

In der Mitte steht jeweils:

a) $-\frac{1}{2}$ b) $-\frac{7}{8}$ c) $-\frac{1}{12}$

7

a) $-27 > -31$ b) $-2,7 < 3,1$ c) $12 > -11$

d) $-0,6 < +0,2$ e) $3 > -3,2$ f) $-2,5 < -2$

g) $\frac{1}{2} = 0,5$ h) $-\frac{3}{4} > -\frac{4}{3}$ i) $-2,23 < -2,22$

j) $1,02 > -1,2$ k) $-5,08 > -5,87$ l) $0 > -2,5$

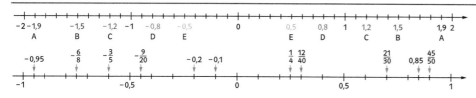

Fig 1

Fig. 2

8
Siehe Figur 1

Das Koordinatensystem, Seite 15

1

A(0|3)   B(1,5|5)   C(5|4)   D(3|0,5)
E(5|0)   F(3,5|-1,5)   G(5|-2)   H(4,5|-4,5)
I(3|-3)   J(-3|-2)   K(-4|-5)   L(-5|-1)
M(-2|1)   N(-5|4)

2

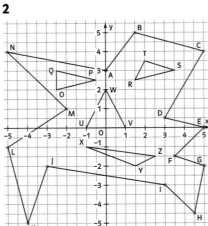

3

H(-1,5|-2,5) →
I(-1,5|-1,5) →
J(-2,5|-1,5) →
K(-2,5|-0,5) →
L(-1,5|-0,5) → A

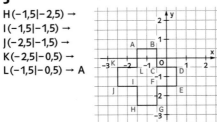

4

K(0|3) →
L(-3|0) →
M(0|-3) →
N(3,5|0,5)

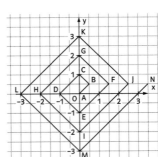

5

B'(-1|3,5)
C'(0|-1)
D'(2|0)

A"(-2|1)
B"(-4|3,5)
C"(-3|-1)
D"(-1|0)

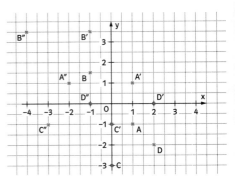

Addieren, Seite 16

1

a) -2   b) +4

c) -1   d) -3

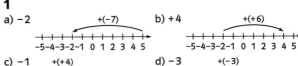

2

a) -2,3   b) 1   c) -1   d) -2,2
e) -1,3   f) 0,8   g) 1   h) -2,3
siehe Figur 2

3

a) -2; -2; Summe: -4   b) +5; -9; Summe: -4
c) -7; +3; Summe: -4   d) -21; +17; Summe: -4

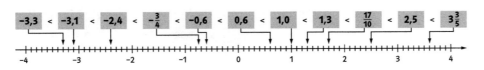

Fig. 1

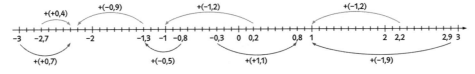

Fig. 2

4

a) $-9 + 14 = +5$

b) $-9 - 14 = -23$

c) $-14 + 9 = -5$

d) $-14 - 9 = -23$

e) $-19 - 11 - 5 = -35$

f) $-25 + 12 - 7 = -20$

5

a) $-\frac{8}{4} = -2$

b) $+\frac{4}{8} = +\frac{1}{2}$

c) $-\frac{4}{6} = -\frac{2}{3}$

d) $+\frac{10}{5} = +2$

e) $-\frac{2}{6} - \frac{1}{6} = -\frac{3}{6} = -\frac{1}{2}$

f) $\frac{6}{22} - \frac{7}{22} = -\frac{1}{22}$

6

a) (-1)

c) $-0,7$

e) 1

b) $1,4$

d) $-1,4$

f) $0,7$

7

+	17	-43	19	-494
-22	-5	-65	-3	-516
-46	-29	-89	-27	-540
100	117	57	119	-394
-378	-361	-421	-359	-872

Subtrahieren, Seite 17

1

a) -13

b) 3

c) $(-16) + (-4) = -16 - 4 = -20$

d) $(+16) + (-4) = 16 - 4 = 12$

e) $(-33) + (-16) = -33 - 16 = -49$

f) $(+33) + (-16) = 33 - 16 = 17$

g) $(-30) + (-12) + (-8) = -30 - 12 - 8 = -50$

2

a) -2

b) -6

c) $18 - 20 = -2$

d) $-15 - 7 = -22$

e) $29 - 8 - 5 = 16$

f) $-7 - 9 - 11 = -27$

3

a) $1,1$

b) $-0,3$

c) $-0,5$

d) $-\frac{1}{2}$

e) $0,5$

f) $-2,5$

g) $0,1$

h) $-\frac{5}{8}$

4

-	-0,1	0,2	-1,2
+1,6	1,7	1,4	2,8
-3,4	-3,3	-3,6	-2,2
-1,7	-1,6	-1,9	-0,5
+0,01	0,11	-0,19	1,21

5

Die nächsten drei Einträge sind:

a) $+3; +8; +13$

b) $0; -0,3; -0,6$

c) $-0,8; -0,4; 0$

d) $-0,35; -0,55; -0,75$

6

b) $-\frac{14}{4} + \frac{3}{4} = -2\frac{3}{4}$

c) $\frac{5}{9} + \frac{6}{9} = 1\frac{2}{9}$

d) $-\frac{10}{12} - \frac{3}{12} = -1\frac{1}{12}$

f) $-3,5 + 2 = -1,5$

g) $-0,4 - 0,6 = -1$

h) $0,75 - 0,8 = -0,05$

Addition und Subtraktion. Klammern, Seite 18

1

a) $-100 + 31 = -69$ $28 - 97 = -69$

b) $-62 - 33 = -95$ $-78 - 17 = -95$ $-50 - 45 = -95$

c) $-25 + 5 = -20$ $-50 + 30 = -20$ $-23 + 3 = -20$

Die zweite Rechnung bei a) und c) und die dritte bei b) sind für die meisten am angenehmsten, denn die Summanden sind jeweils so gruppiert, dass man bei der ersten Addition ein Vielfaches der Zehn erreicht, was das Rechnen erleichtert.

2

a) -8

b) 7

c) -11

d) 1

e) 5

f) -25

g) 6

h) -2

i) -36

j) -9

k) -5

l) 19

m) -19

n) 8

3

a) $45 - (13 - 21)$ $= 45 - (-8) =$ 53

b) $(-24 + 17) - 7$ $= (-7) - 7$ $= -14$

c) $-7 + (18 + 12)$ $= -7 + 30$ $= 23$

d) $(15 - 31) + (-4)$ $= -16 - 4$ $= -20$

e) $87 - (97 - 103)$ $= 87 - (-6) =$ 93

f) $(68 - 124) - (-44) = -56 + 44$ $= -12$

Lösungswort: BERLIN

4

a) $-5 + 12 - 21 = -4$; wird zu:

$+5 + 12 - 21 = -4$

b) $(5 - 12) - 21 = 14$; wird zu:

$(5 - 12) + 21 = 14$

c) $6 - (56 - 4) = -54$; wird zu:

$6 - (56 + 4) = -54$

d) $(15 - 35) - (-5 - 25) = -10$; wird zu:

$(15 - 35) - (-5 - 25) = +10$

e) $(-9 - 27) - (-18 - 9) = -27$; wird zu:

$(-9 - 27) - (-18 + 9) = -27$

f) $(-12 + 5) - (56 - 45) = 6$; wird zu:

$(+12 + 5) - (56 - 45) = 6$

g) $-7 - 28 - (14 - 49) = 0$; keine Änderung

h) $(2 - 4) + (8 - 16) = -2$; wird zu:

$(2 + 4) + (8 - 16) = -2$;

i) $-35 - 7 - (17 - 5) = 16$; wird zu:

$+35 - 7 - (17 - 5) = 16$

j) $(8 - 13) - 3 - 5 = -7$ wird zu:

$(8 - 13) + 3 - 5 = -7$

5

a) 22

b) 93

c) 175

d) 116

e) -56

f) -632

g) -53

h) -86

Multiplizieren, Seite 19

1
a) −6   b) −6   c) 6   d) −6
e) −65   f) −84   g) 90   h) −361

2
−2;   −6;   24;   120;   −720;   −5040;   40320

3

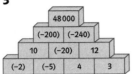

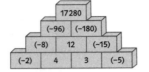

4
a) −3,45   b) −102   c) 0,475
d) −32,4   e) −30,8   f) −1,19
g) 21,6   h) −14400   i) −1,332

5
In die Lücken wird eingetragen:
a) −2,5   b) (−0,36)   c) (−40)   d) −0,17
e) 1,3   f) −6   g) (−25,6)   h) 441

6
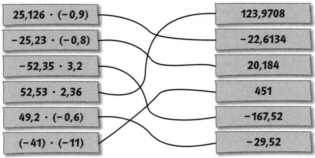

25,126 · (−0,9)	123,9708
−25,23 · (−0,8)	−22,6134
−52,35 · 3,2	20,184
52,53 · 2,36	451
49,2 · (−0,6)	−167,52
(−41) · (−11)	−29,52

7
a) $-\frac{1}{4}$ b) $\frac{1}{8}$ c) $\frac{1}{16}$ d) $\frac{1}{32}$

Dividieren, Seite 20

1
a) −4   b) −9   c) 7   d) −8   e) −4
f) −12   g) 123   h) −4   i) −2020

2
a) (−4) · 6 = (−24)   b) (+4) · (−23) = −92
c) 63 = (−9) · (−7)   d) (−7) · (−18) = 126
e) (−24) · (−24) = 576   f) 19 · (−21) = (−399)

3

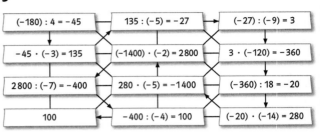

4
a) 1   b) −6   c) 5   d) kann nicht berechnet werden
e) 0   f) −1   g) −2   h) 2
Lösungssatz: Durch Null darf man nicht dividieren.

5
a) −13,6 : 8 = −1,7   b) −2,25 : (−2,5) = 0,9
c) −259 : 37 = −7 (mit −7)   d) 0,5 · (−23) = −11,5 (mit −11,5)

6
Eintrag im Hinweiszettel: Kehrwert
a) $\frac{1}{2} \cdot \left(-\frac{4}{1}\right) = -2$ b) $-\frac{5}{12} \cdot \left(-\frac{6}{15}\right) = \frac{1}{6}$
c) $-\frac{36}{25} \cdot \frac{20}{24} = -\frac{6}{5}$ d) $3 \cdot \left(-\frac{3}{1}\right) = -9$

Rechenarten verbinden, Seite 21

1
b) 9 − 5 · (+3) = 9 − 15 = −6
c) 10 − 8 · (−5) = 10 − (−40) = 10 + 40 = 50
d) −6 · (−3) − 5 = − (−18) − 5 = 18 − 5 = 13

2
a) −65   b) 7   c) −13   d) −80   e) −25
f) −45   g) −30   h) 11   i) −97

3
a) 0,1   b) 0,2   c) 6   d) 3
e) 0,4   f) 5   g) 1,4   h) 3

4
a) (12 − (−5)) · (30 − 5 · 7)   b) 25 − (3 · (14 − 6 · 3)) : 2 + 11 =
(12 + 5) · (30 − 35) =   25 − (3 · (14 − 18)) : 2 + 11 =
17 · (−5) =   25 − (3 · (−4)) : 2 + 11 =
−85   25 − (−12) : 2 + 11 =
c) (9 − 19) · (6 − 16) + 250 : (−5) =   25 − (−6) + 11 =
(−10) · (−10) + (−50) =   25 + 6 + 11 =
100 − 50 =   42
50

5
b) 3 · (1,1 + 1,9) = 3 · 3 = 9   3,3 + 5,7 = 9
c) (4,3 − 2,8) · 4 = 1,5 · 4 = 6   17,2 − 11,2 = 6
d) 5 · (6,1 − 5,6) = 5 · 0,5 = 2,5   30,5 − 28 = 2,5

6

Das Lösungswort ist MANNHEIM.

a) 14,4 b) 6,25 c) 0,29 d) 15

e) 37,2 f) 23,3 g) 2,4 h) 15

Rationale Zahlen | Merkzettel, Seite 22

■ **Text:** senkrechte **Beispiele:** $Q(2|-1)$

■ **Beispiele:** $+12$ -12 -2 $+2$

■ **Text:** Gegenzahl **Beispiele:** -2 $+2$ 12

■ **Text:** positiv; negativ **Beispiele:** 35 12 -35 -4

■ **Beispiele:** $10 \cdot 2,6 - 10 \cdot 1,8 = 26 - 18 = 8$

■ **Text:** Punktrechnung; Klammer; Innere
Beispiele: $36 - 4 = 32$ $7 \cdot (-1) \cdot 10 = -70$ $9 - (12 - 3) = 0$

Üben und Wiederholen | Training 1, Seite 23

1

a) 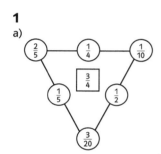 b)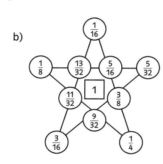

2

3

a) $\frac{4}{5} : \left(\frac{1}{5} + \frac{2}{3}\right) = \frac{12}{13}$ b) $\frac{1}{4} + \frac{4}{15} : \left(\frac{2}{3} + \frac{2}{5}\right) = \frac{1}{2}$

c) $\left(\frac{6}{7} - \frac{1}{14}\right) : \frac{22}{28} - \frac{1}{4} = \frac{3}{4}$ d) $\left(\frac{3}{4} - \frac{1}{8}\right) \cdot \left(\frac{4}{5} - \frac{1}{5}\right) = \frac{3}{8}$

4

a) D b) B c) E

5

a) $-2,5$ $-3,4$ $-4,4$ $-5,5$

b) $-8,8$ $-7,5$ $-6,1$ $-4,6$ -3

6

a) $50\,g - 0,40\,€$ $200\,g - 1,60\,€$ $750\,g - 6,00\,€$

b) $150\,g - 0,80\,€$ $450\,g - 2,40\,€$ $750\,g - 4,00\,€$

c) $100\,ml - 1,2\,m^2$ $50\,ml - 0,6\,m^2$ $750\,ml - 9\,m^2$

Winkel im Schnittpunkt von Geraden, Seite 24

1

a) 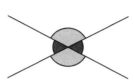 b)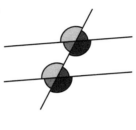

c)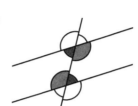

2

a) $\alpha = 120°$ als SchW b) $\alpha = 84°$ als WW
$\beta = 60°$ als NW und StW $\beta = 96°$ als NW
c) $\alpha = 45°$ als SchW
$\beta = 45°$ als StW

3

Rechnung	Lösungswinkel	Buchstabe
$(\alpha_1 - 7°) : 5 = (72° - 7°) : 5$	13°	M
$\alpha_2 : 12 - 8° = 108° : 12 - 8°$	1°	A
$(\alpha_3 - 12°) : 3 = (72° - 12°) : 3$	20°	T
$(\alpha_4 - 31°) : 10 = (113° - 33°) : 10$	8°	H
$(\alpha_5 - 6°) : 21 = (109° - 4°) : 21$	5°	E
$\alpha_6 : 2 - 20° = 42° : 2 - 20°$	1°	A
$(\alpha_7 - 12°) : 3 = (67° - 10°) : 3$	19°	S
$(\alpha_8 + 26°) : 5 = (71° + 24°) : 5$	19°	S

4

Die Geraden g und h sind bei beiden Teilaufgaben nicht parallel zueinander.

a) 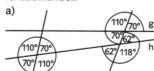 b)

Winkelsumme im Dreieck, Seite 25

1
a) $\alpha = 55°$; $\beta = 69°$ b) $\alpha = 71°$; $\beta = 57°$

2
a) 35°   b) Nicht möglich, da kein Dreieck entsteht.
c) 26°   d) 56°   e) 45°   f) 30°

3

a)	92°	1°
b)	91°	2°
c)	90°	3°
d)	89°	4°
e)	88°	5°

Die Summe der beiden fehlenden Winkel ist 93°.

4
a) Richtig, denn 180° – 45° – 45° = 90°
b) Falsch. Der dritte Winkel ist 20° groß.
c) Richtig, z. B. mit den Winkeln 26°, 50° und 104°.
d) Falsch. Die Summe der zwei anderen beträgt zwar 120°, sie müssen aber nicht gleich groß sein.
e) Falsch. Dann ist es kein Dreieck.
f) Falsch. Der dritte Winkel kann auch ein spitzer oder ein rechter Winkel sein.
g) Richtig.

5

α_1	82°	α_2	63°	α_3	47°	α_4	35°	α_5	82°	α_6	63°	α_7	98°	α_8	37°

Hinweis: Für die Berechnung von α_4 muss man beachten, dass die Gerade durch γ die Winkelhalbierende w_γ ist. Daraus folgt: $\alpha_4 = \frac{1}{2} \cdot \gamma = 35°$.

6
$\alpha = 50°$; $\beta = 70°$; $\gamma = 60°$; $\delta = 70°$; $\varepsilon = 20°$

7
$\alpha = 40°$; $\beta = 84°$; $\gamma = 56°$

Dreiecksformen, Seite 26

1

	spitz-winklig	recht-winklig	stumpf-winklig
gleichseitig	2; 3	–	–
gleichschenklig, nicht gleichseitig	10	5; 11	4; 7
allgemein	9	1	6; 8

2
a) Figur A: 5 gleichschenklige Dreiecke und 2 gleichseitige Dreiecke
b) Figur B: 6 gleichschenklige, aber nicht gleichseitige Dreiecke

3
a) Drachen, Parallelogramm, Raute

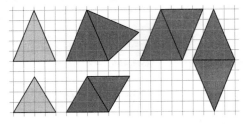

b) Raute
c) Die entstandenen Vierecke in der oberen Reihe sind: Drachen, Parallelogramm und Raute; in der unteren Reihe ist es eine Raute.

4
a) 67°   b) 112°   c) 60°, 60° und 60°
d) gleichschenkliges   e) gleichseitiges
f) Die anderen beiden Winkel können 38° und 104° oder 71° und 71° groß sein.

5
a)

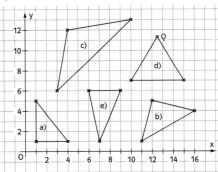

b) gleichschenklig rechtwinklig
c) gleichschenklig stumpfwinklig
d) gleichseitig
e) allgemein spitzwinklig

Konstruktion von Dreiecken, Seite 27

1
a) Die zwei restlichen Seiten müssen noch markiert werden.
b) Die zwei an der orangen Seite anliegenden Winkel müssen noch markiert werden.
c) Die zwei Schenkel des orange gefärbten Winkels müssen noch markiert werden.

2

a)
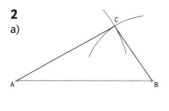

b)
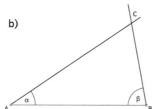

c)
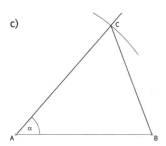

3
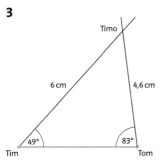

Durch Messen bestimmt man einen Abstand von 6 cm zwischen Timo und Tim und von 4,6 cm zwischen Timo und Tom. Da der Maßstab 1 : 100 000 ist, entspricht das jeweils einer Entfernung von 6 km bzw. 4,6 km.

4

Der Maßstab der Zeichnung ist 1 : 50. Die beiden gegebenen Schenkel werden in der Zeichnung 4,5 cm lang. Die gesuchte Länge beträgt ca. 6,4 cm. Also hat das Haus eine ungefähre Breite von 3,20 m.

Dreiecke | Merkzettel, Seite 28

▨ **Text:** Scheitelwinkel; Nebenwinkel; Stufenwinkel; Wechselwinkel

▨ **Text:** Summe; 180°; β
Beispiele: α = 24°   β = 46°   γ = 111°

▨ **Text:** Winkeln; Alle; 90°; größer
Seiten; sind; Zwei; Alle
Beispiele: spitzwinklig; gleichschenklig; rechtwinklig und gleichschenklig

▨ **Text:** Zirkel; drei; Seiten; SWS; WSW; SsW
Beispiele: WSW-Konstruktion: α, β; SWS-Konstruktion: b, c; SsW-Konstruktion: γ

Terme und Variablen, Seite 29

1

x	$3x - 5$	$-x + 3$	$5 - \frac{1}{2}x$	$(x + 4) \cdot 2$
2	$3 \cdot 2 - 5 = 1$	1	4	12
$\frac{1}{4}$	$\frac{3}{4} - 5 = -4\frac{1}{4}$	$2\frac{3}{4}$	$4\frac{7}{8}$	$8\frac{1}{2}$
-2	-11	5	6	4
3,6	5,8	$-0,6$	3,2	15,2
-12	-41	15	11	-16

2
Nacheinander wurden folgende Terme für die Variable y gewählt:
a) 1; 0,5; −1; 5   b) 4; 0; −1; 2   c) −1; 4; 0; 0,5

3
Der passende Term ist:
a) $2x - 1$ b) $4 - \frac{1}{2}x$ c) $2x^2 + 2$ d) $4x + 2$

4
a) Der Gewinn bei einer Portion Eis beträgt 20 ct = 0,20 €, bei 124 Portionen 124 · 0,2 € = 24,80 €.
b) Bei x Portionen ist der Gewinn 0,2 € · x
c) Der Gewinn bei einer Portion Eis mit Sahne beträgt 20 ct + 20 ct = 40 ct = 0,40 €. Es werden x Portionen ohne und $\frac{1}{2}$ · x mit Sahne verkauft. Der Gesamtgewinn ist also:
0,2 · x + 0,4 · $\frac{1}{2}$ · x = 0,4 · x (Ergebnis in Euro)

5

A8	B1	6		C1	D6	E4
1	6		F1		9	0
2		G7	2	H4		9
	I1	2	1	1	1	
J2		K3	0	5		L3
M3	N2		0		O6	P1
Q4	3	7		R1	3	2

Aufstellen von Termen, Seite 30

1
Die Variable wird hier immer mit y bezeichnet.
a) $y - 12$ b) $y - 1$ c) $3 \cdot y$
d) $y : (-6)$ e) $y : (-7) + 3,18$ f) $15 - y$

2
Die Variable wird hier immer mit z bezeichnet.
a) $\frac{1}{2} \cdot (z - 1,7)$ oder $(z - 1,7) : 2$ b) $4 \cdot \left(\frac{1}{2} + z\right)$
c) $\frac{3 \cdot z}{2}$ oder $(3 \cdot z) : 2$ d) $2 \cdot (z + 4)$
e) $\frac{1}{3} \cdot (z - 12)$ oder $(z - 12) : 3$ f) $\frac{5 \cdot z}{2,5}$ oder $(z : 2,5) \cdot 5$

3

a) $a + a + a + a = 4 \cdot a$ b) $3b + 2c$

4

5

Die richtige Rechenvorschrift ist jeweils:

a) B   b) D   c) A

6

Die richtigen Terme sind von oben nach unten:

$4 \cdot x - 12$; $108 - (45 + x)$; $(234 + x) : 3$; $-23 + 5x$; $4{,}5 - x : 3$;
$45 : x - 15$; $(2 \cdot x - 4) : 3$; $2{,}5 \cdot x - 7$

Wenn man von unten nach oben die zugehörigen Buchstaben aneinanderreiht, so erhält man als Lösungswort: FUSSBALL.

Terme addieren und subtrahieren, Seite 31

1

a) 4 Hunde + 2 Katzen   b) 6♥

c) $-x^2$ d) $-8b$ e) $2y^2 - 6y$

f) $7k$ g) a h) $9t$

2

a) $3x + 2y$ b) $2a$ c) ☺

d) $-13a + 4b$ e) $2q + 5p + 10$ f) $15a - 7b - c$

g) $7x + 7m + 7n$ h) 0

3

a) $2a$ b) m c) $7a$

d) $2x$ e) $6x$ f) $2a$; $0{,}5$

4

	richtig	falsch	richtige Lösung
$2 \cdot a - 3a - a = -2a$	ⓣ	ö	
$19 \cdot b - 19 + b + 4b - 12 = 5b - 12$	s	ⓝ	$= 24b - 31$
$8z - 2z + 9z = 15z$	ⓔ	t	
$-7z + a + 5z - 3a = -2z - 2a$	⓵	e	
$3p - 2p - 4 \cdot p = 9p$	r	ⓐ	$= -3p$
$4m + 9m + 6m - 2n = 17m$	l	ⓥ	$= 19m - 2n$
$17y + 17 + 17y - 17 = 17y$	e	ⓘ	$= 34y$
$7a - 3b - 2c + 3a + 2c = 10a - 3b$	ⓤ	c	
$2a - a - b + b - 2a = -2a$	h	ⓠ	$= -a$
$7x + 4m - 3m + 7 = 14x - 2m$	e	ⓐ̈	$= 7x + m + 7$

Das Lösungswort – von unten nach oben gelesen – ist: äquivalent.

5

Die äquivalenten Terme sind:

$-x - 1{,}25 + 2x - 2{,}5 - \frac{1}{4} + 2x = 3x - 4 = 6x + 2 - 6 - 3x$

$4x + 9 - 3x - 2x - 7 + x + x - 4 = x - 2 = 2 + 2x - x - 4$

$4x + 9 - 3x + 5 - 2x - 12 - x = -2x + 2 = 3x - 4x + 2 - x$

$x + 1 + 2x = 3x + 1 = -2x + 5x + 1$

$\frac{1}{2}x + 1 - 2x = -\frac{3}{2}x + 1 = -3{,}2 - \frac{5}{2}x + x + 4{,}2$

Terme multiplizieren und dividieren, Seite 32

1

a)

·	2	3x	7a	5b	3z
4x	8x	$12x^2$	28xa	20bx	12xz
12t	24t	36xt	84ta	60bt	36tz
4yz	8yz	12xyz	28yza	20byz	$12yz^2$

b)

·	2	x	y^2	2x	2xy
x	2x	x^2	xy^2	$2x^2$	$2x^2y$
y	2y	xy	y^3	2xy	$2xy^2$
2xy	4xy	$2x^2y$	$2xy^3$	$4x^2y$	$4x^2y^2$

2

a) x^2 b) x^2y c) x^2y^2 d) x^2y e) x^3y^2

f) $2x^2y$ g) $8x^2y$ h) $6x^2y$ i) $8xy^2$ j) xy

k) $2xy$ l) $2xy^2$ m) 0 n) $6x^2y^2$ o) x^3y^3

p) $4x^3y^2$ q) $6xy$ r) $4xy^2$ s) $3xy$ t) $3xy^2$

3

a) $4^2 = 16$ b) $2 \cdot 4 = 8$ c) x^3 d) $3x$

e) x^3y^3 f) $3xy$ g) $4x^2y^2$ h) $4xy$

i) $16x^2y^2$ j) $8xy$

4

	richtig	falsch	richtige Lösung
$4z : 2 + z = 2z^2$	L	Ⓕ	$4z : 2 + z = 3z$
$z^2 + z + z = 3z^2$	L	Ⓔ	$z^2 + z + z = z^2 + 2z$
$3z^2 + z^2 = 4z^2$	Ⓓ	E	
$z^2 + 2z^2 = 3z^2$	Ⓔ	D	
$z + z^2 + z^2 = 3z^2$	E	Ⓡ	$z + z^2 + z^2 = z + 2z^2$
$z^2 \cdot z = z^3$	Ⓑ	R	
$z \cdot 2z : 2 = 2z^2$	M	Ⓐ	$z \cdot 2z : 2 = z^2$
$5yz : 2{,}5 = 2yz$	Ⓛ	A	
$yz \cdot yz = 2y^2z^2$	S	Ⓛ	$yz \cdot yz = y^2z^2$

Das Lösungswort lautet: FEDERBALL

5

a) $8ab$ b) $4x$ c) $11a$

d) $21x^2y^2z$ e) $5y^2$ f) $6a^2b^3$

Terme mit Klammern, Seite 33

1
a) $5 \cdot a$
b) $7 \cdot b - y \cdot z$
c) $7 \cdot (c \cdot d - 3)$
d) $3 \cdot z \cdot (2 \cdot n + 5 \cdot m)$

2
a) $2x + y$
b) $-y$
c) y
d) $-2x + y$
e) $-2x + 16$
f) $-\frac{1}{2}x + 3y$
g) $-x - 5y$
h) $-x$
Der Lösungssatz lautet: MEIN KOPF ...

3
a) $4x + 4y$
b) $-2x - 6$
c) $5x - 10y$
d) $\frac{1}{2}x - y$
e) $4x - 12y$
f) $8x + 4xy$
g) $-3xy + 6y^2$
h) $-2x^2 + 10xy$
i) $-3x + 2y - 2z$
j) $x^2 + xy - x$
Fortsetzung des Lösungssatzes: ... RAUCHT, PUH!

4
b) Breite $= 4b$; $u = 2 \cdot (3a + 4b) = 6a + 8b$
c) $u = 2 \cdot (a + a + b) = 4a + 2b$; $A = a \cdot (a + b) = a^2 + ab$
d) $u = 2 \cdot (b - a + b) = 4b - 2a$; $A = (b - a)b = b^2 - ab$
e) $u = 2 \cdot (2a + b + 3b) = 4a + 8b$; $A = (2a + b)3b = 6ab + 3b^2$
f) $u = 2 \cdot (3a + 2b - b) = 6a + 2b$; $A = 3a(2b - b) = 3ab$
g) Breite $= 2b$; $A = ab$
h) $u = 2 \cdot (a + 2b + b + b) = 2a + 8b$; $A = (a + 3b) \cdot b = ab + 3b^2$

5
a) n; Summe
b) 2; Quotient
c) 2b; Summe
d) 4; Quotient
e) r; Produkt
f) 2p; Summe
g) 3y; Differenz
h) $3a^2$; Produkt

6
a) $8 \cdot (1 + 2x)$
b) $7y \cdot (x + 4)$
c) $a \cdot (1 + 2b)$
d) $11ab \cdot (a - 11)$
e) $6 \cdot (n - 12m)$
f) $5 \cdot (xy - 3)$

Terme | Merkzettel, Seite 34

■ **Beispiele:** $x = 5$

■ **Text:** Zahlen; Variablen; Wert; Terms; äquivalent
Beispiele: $u = 12 \cdot a$

	T_1: $4x - 1$	T_2: $3x - 1 + x$
$x = 1$	3	$3 \cdot 1 - 1 + 1 = 3$
$x = -2$	$4 \cdot (-2) - 1 = -9$	$3 \cdot (-2) - 1 + (-2) = -6 - 1 - 2 = -9$
$x = \frac{1}{2}$	$\frac{4}{2} - 1 = 1$	$\frac{3}{2} - 1 + \frac{1}{2} = \frac{1}{2} + \frac{1}{2} = 1$
$x = 5$	$4 \cdot 5 - 1 = 19$	$3 \cdot 5 - 1 + 5 = 19$

■ **Beispiele:** $4b$ $2a$ $6a - 4b$ $8xy$ $6x^3y^2$ $2z$

■ **Text:** Ausklammern; Verteilungsgesetz
Beispiele: $7a - b$ $-0,5x + 5,5y$ $6x - \frac{3}{2}y$ $3(b - 3)$
$2xy(2x + 1)$

Einfache Gleichungen, Seite 35

1
Das Lösungswort lautet: AMERIKA.

2
a) $x = 33$
b) $a = 41$
c) $y = 15$
d) $z = 54$
e) $x = 34$
f) $x = 14$
g) $x = 11$
h) $x = 20$
i) $n = 22$
j) $p = 50$
Das Lösungswort lautet: BEWEGUNGEN.

3
a) $4x = 24$; $x = 6$
b) $x : 3 = 17$; $x = 51$
c) $2x + 3 = 23$; $x = 10$
d) $x + 3 = -5$; $x = -8$

4
a) $3d = k$; $d = 2k$
b) $2d + k = 3k$; $d = k$
c) $2d = 3k + d$; $d = 3k$
d) $4d = 2d + (d + 2k)$; $d = 2k$

5
Torsten hat $2x$ Punkte. Es gilt: $x + 2x = 1950$, d.h. $x = 650$.
Also hat Andreas 650 Punkte und Torsten hat $2 \cdot 650 =$
1300 Punkte.

Lösen durch Umformen, Seite 36

1
b) $2x + 7 = 31$ $x = 12$
c) $3x = 27$ $x = 9$
d) $2x + 7 = x + 20$ $x = 13$

2
a) $x = 3$

b) $x = 8$

c) $x = 4$

d) $x = 5$

3
b) $z - 0,5 = -3,6$ $| + 0,5$
$z = -3,1$
Probe: $-3,1 - 0,5 = -3,6$
d) $a : (-4) = 12$ $| \cdot (-4)$
$a = -48$
Probe: $(-48) : (-4) = 12$
f) $b : \frac{1}{4} = -8,8$ $| \cdot \frac{1}{4}$
$b = -2,2$
Probe: $(-2,2) : \frac{1}{4} = (-2,2) \cdot 4 = -8,8$
c) $y \cdot 4 = 32$ $| : 4$
$y = 8$
Probe: $8 \cdot 4 = 32$
e) $\frac{1}{2}x \cdot 5 = 10$ $| \cdot \frac{2}{5}$
$x = 4$
Probe: $\frac{1}{2} \cdot 4 \cdot 5 = 10$

4

a) x = 3   b) x = 40   c) x = 18   d) x = -3

e) x = 27   f) x = $-\frac{1}{2}$ g) x = 19   h) x = 9

i) x = 53   j) x = 24   k) x = 10   l) x = 1

m) x = 20   n) x = 5   o) x = 12   p) x = -2

5

a) x steht für den Preis des PCs. Es ist: x + (x − 300) = 650, d.h.
x = 475. Der PC kostet also 475 € und der Monitor 175 €.
b) x steht für die gegebene bzw. gesuchte Zahl. Es ist:
(3x − 1) · 4 = 32, d.h. x = 3. Die gesuchte Zahl ist also 3.

Gleichungen mit Klammern, Seite 37

1

a) 4x − 5 − 2x = 2 − 1 + x | zusammenfassen
2x − 5 = 1 + x | − x
x − 5 = 1 | + 5
x = 6
Lösung: x = 6

b) 3 · (x − 4) = 2 · (x − 1) | Klammern auflösen
3x − 12 = 2x − 2 | − 2x
x − 12 = −2 | + 12
x = 10
Lösung: x = 10
Probe: 3 · (10 − 4) = 2 · (10 − 1); 18 = 18

2

Das Lösungswort lautet: SPINNEN.

a) $\frac{x}{2}$ = 5 | · 2   b) $\frac{1}{3}$ = $\frac{x}{21}$ | · 21
x = 10   x = 7

c) $\frac{3}{8}$x = 21 | · 8   d) $\frac{x}{4}$ + $\frac{x}{6}$ = $\frac{15}{2}$ | · 12
3x = 168 | : 3   3x + 2x = 90 | : 5
x = 56   x = 18

e) $\frac{x}{2}$ − $\frac{x}{3}$ − $\frac{x}{4}$ = −2 | · 12
6x − 4x − 3x = −24 | zusammenfassen
−x = −24 | · (−1)
x = 24

f) 3 · (3 + 5) − (4 − 3x) = 29 | Klammer auflösen
20 + 3x = 29 | zusammenfassen
3x = 9 | : 3
x = 3

g) 56 − $\frac{1}{2}$ · (8x − 4) = 2x + 28 | Klammer auflösen
56 − 4x + 2 = 2x + 28 | zusammenfassen
56 − 4x = 2x + 28 | − 28
30 − 4x = 2x | + 4x
30 = 6x | : 6
x = 5

3

a) Probe: 35 − (7 + 6) = 22   35 − 13 = 22
Die Rechnung stimmt, also ist die Lösung richtig.
b) $\frac{(3-4)}{3}$ = 1 − $\frac{(2+4)}{6}$ $-\frac{1}{3}$ = 1 − 1 $-\frac{1}{3}$ = 0
Die Lösung ist hier falsch, da die Probe ein falsches Ergebnis
liefert.

c) 10 · 10 − 18 − (7 · 10 − 24) = (8 · 10 + 46) + (30 − 12 · 10)
100 − 18 − 46 = 126 − 90   36 = 36
Die Lösung ist also richtig.

Gleichungen | Merkzettel, Seite 38

■ **Text:** x = 8
Beispiele: x = 2   13
7 · 2 − 1 = 13   3 · 2 + 7 = 13

■ **Text:** Äquivalenz | −x | −7   16 | : 2   x = 8
Beispiele: | −2   x = 1 | · 2   x = 8 | : 3   y = 3
| + 18   4x = x + 30 | −x   3x = 30 | : 3   x = 10

■ **Beispiele:**
8x − 5 − 2x = 3x + 9 + 1   Probe:
6x − 5 = 3x + 10 | + 5   40 − (5 + 2 · 5) = 3 · 8 + 1
6x = 3x + 15 | − 3x   25 = 25
3x = 15 | : 3

Üben und Wiederholen | Training 2, Seite 39

1

b) 6 > 2   c) $\frac{2}{3}$ < $\frac{9}{4}$ d) $\frac{2}{9}$ < $\frac{8}{9}$
e) $\frac{3}{4}$ = $\frac{3}{4}$ f) $\frac{14}{15}$ > $\frac{12}{15}$

2

a) $\frac{5}{4}$ cm   b) $\frac{7}{9}$ cm   c) 5 cm   d) $\frac{2}{3}$ cm

3

a)

Strecke	50 km	300 km	450 km	500 km
Benzinverbrauch	4,1 l	24,6 l	36,9 l	41 l
Kosten	5,04 €	30,26 €	45,39 €	50,43 €

b) Ja, für eine Strecke von 650 km werden 53,3 l Benzin verbraucht.
c)

Strecke	50 km	300 km	450 km	976,2 km
Benzinverbrauch	2,1 l	12,6 l	18,9 l	41 l
Kosten	2,58 €	15,50 €	23,25 €	50,43 €

d) 295,20 €.

4

$\frac{25}{125} = 0,2$ $-\frac{13}{4} = -3,25$ $\frac{7}{2} = 3,5$ $-\frac{560}{700} = -0,8$

$\frac{630}{300} = 2,1$ $-\frac{12}{8} = -1,5$ $\frac{95}{190} = 0,5$ $-\frac{11}{110} = -0,1$

Das Lösungswort lautet: EINBRUCH.

Üben und Wiederholen | Training 2, Seite 40

5

a) Gewinn pro Mitspieler: 4720 €   Gesamtgewinn: 33 040 €
Die Zuordnung ist umgekehrt proportional.
b) Zeit für die Strecke: etwa 140 min
Die Zuordnung ist proportional.
c) Fertige Kisten nach sechs Stunden: 168
Die Zuordnung ist proportional.

6

a)

	spitz-winklig	recht-winklig	stumpf-winklig
gleichseitig	6		
gleichschenklig, nicht gleichseitig	7	5	3
allgemein	1	2	4

b) Es gibt 3 gleichschenklige Dreiecke bei den nummerierten Dreiecken plus 7 innen.

7

a) $10x - 15y$ (P)   b) $2pr - 3p^2$ (P)
c) $-12a - 33b$ (P)   d) $-2n + 6$ (Q)
e) $3x + 2y$ (S)   f) $3x - 7z$ (Q)
g) $14ad + 8bd - 12cd$ (P)   h) $2n + 24m$ (D)
i) $ab - a^2 - 2b$ (S)   j) $-10ab + 2b - 5a^2$ (D)

8

Das Lösungswort lautet: KLAMMERN.

Absoluter und relativer Vergleich, Seite 41

1

a) $\frac{3}{4} = \frac{9}{12}$ $\frac{5}{6} = \frac{10}{12}$ $\frac{7}{12} = \frac{7}{12}$ $\frac{2}{3} = \frac{8}{12}$

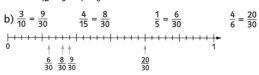

Es gilt: $\frac{7}{12} < \frac{2}{3} < \frac{3}{4} < \frac{5}{6}$

b) $\frac{3}{10} = \frac{9}{30}$ $\frac{4}{15} = \frac{8}{30}$ $\frac{1}{5} = \frac{6}{30}$ $\frac{4}{6} = \frac{20}{30}$

Es gilt: $\frac{1}{5} < \frac{4}{15} < \frac{3}{10} < \frac{4}{6}$

c) $\frac{7}{16} = \frac{35}{80}$ $\frac{2}{5} = \frac{32}{80}$ $\frac{1}{2} = \frac{40}{80}$ $\frac{7}{8} = \frac{70}{80}$

Es gilt: $\frac{2}{5} < \frac{7}{16} < \frac{1}{2} < \frac{7}{8}$

d) Bei dieser Aufgabe reicht zwar die Zahl 15 als Nenner, um die Brüche gleichnamig zu machen. Es ist aber möglicherweise geschickter, 30 als gemeinsamen Nenner zu wählen, da der Zahlengeraden eine 30er-Einteilung zugrunde gelegt ist.

$\frac{3}{5} = \frac{9}{15} \left(= \frac{18}{30} \right)$ $\frac{2}{5} = \frac{6}{15} \left(= \frac{12}{30} \right)$ $\frac{2}{3} = \frac{10}{15} \left(= \frac{20}{30} \right)$ $\frac{1}{3} = \frac{5}{15} \left(= \frac{10}{30} \right)$

Es gilt: $\frac{1}{3} < \frac{2}{5} < \frac{3}{5} < \frac{2}{3}$

2

a) <   b) <   c) >   d) <
e) =   f) <   g) <   h) =
i) >   j) >   k) =   l) <

3

a)

		Ehren-urkunde	Sieger-urkunde	ohne Urkunde	Summe
7a	Anzahl	8	19	3	30
	Relative Anteile	26,67%	63,33%	10%	100%
7b	Anzahl	7	21	4	32
	Relative Anteile	21,875%	65,625%	12,5%	100%

b) In der Reihenfolge werden eingetragen: 27; 28; 90%; 87,5%; 7a

4

Der Fehleranteil beträgt 4% (3 von 75) im ersten Diktat, 3,33% (2 von 60) im zweiten Diktat und 5% (4 von 80) im dritten Diktat. Also war die Leistung von Thea im zweiten Diktat am besten und im dritten Diktat am schlechtesten.

Prozentschreibweise, Seite 42

1

b) $\frac{5}{8} = 62,5\%$ c) $\frac{3}{9} = 33,\overline{3}\%$ d) $\frac{15}{25} = 60\%$
e) $\frac{10}{20} = 50\%$ f) $\frac{6}{16} = 37,5\%$

2

Bruch	$\frac{1}{25}$	$\frac{3}{10}$	$\frac{5}{8}$	$\frac{3}{4}$	$\frac{5}{16}$	$\frac{3}{40}$
Zehnerpotenz-Bruch	$\frac{4}{100}$	$\frac{3}{10}$	$\frac{625}{1000}$	$\frac{75}{100}$	$\frac{3125}{10\,000}$	$\frac{75}{1000}$
Dezimalbruch	0,04	0,3	0,625	0,75	0,3125	0,075
Prozent	4%	30%	62,5%	75%	31,25%	7,5%

Bruch	$\frac{13}{25}$	$\frac{4}{1}$	$\frac{1}{4}$	$\frac{21}{50}$	$\frac{1}{8}$	$\frac{3}{2}$
Zehnerpotenz-Bruch	$\frac{52}{100}$	$\frac{40}{10}$	$\frac{25}{100}$	$\frac{42}{100}$	$\frac{125}{1000}$	$\frac{150}{100}$
Dezimalbruch	0,52	4,0	0,25	0,42	0,125	1,5
Prozent	52%	400%	25%	42%	12,5%	150%

Die verbundenen Linien im Bild ergeben ein Schiff.

3

a) $\frac{4}{100} = \frac{1}{25}$ b) $\frac{25}{100} = \frac{1}{4}$ c) $\frac{80}{100} = \frac{4}{5}$ d) $\frac{35}{100} = \frac{7}{20}$

e) $\frac{250}{100} = \frac{5}{2}$ f) $\frac{12,5}{100} = \frac{1}{8}$ g) $\frac{32}{100} = \frac{8}{25}$ h) $\frac{0,2}{100} = \frac{1}{500}$

4

a) A: $\frac{10}{50} = \frac{20}{100} = 20\%$ B: $\frac{20}{40} = \frac{50}{100} = 50\%$ C: $\frac{30}{40} = \frac{75}{100} = 75\%$

D: $\frac{4}{10} = \frac{40}{100} = 40\%$ E: $\frac{10}{25} = \frac{40}{100} = 40\%$ F: $15\% = \frac{15}{100}$

b) $\frac{15}{100} < \frac{20}{100} < \frac{40}{100} < \frac{50}{100} < \frac{75}{100}$

c) $15\% < 20\% < 40\% < 50\% < 75\%$

Prozentsatz, Prozentwert, Grundwert berechnen (1), Seite 43

1

der Prozentwert

a) 38,4 €   b) 25,5 kg   c) 331,2 l

d) 1,6 ha   e) 70 g   f) 0,288 m

2

Prozentsatz

a) 8,5 %   b) 32 %   c) 45 %

d) 20 %   e) 70 %   f) 35 %

3

Grundwert

a) 2 000 €   b) 1800 ml   c) 62,5 l

d) 300 kg   e) 56 m   f) 40 cm

4

a 1	b 2	c 4		d 4	e 2
f 5	3	,	g 6		2
,		h 2	,	i 3	5
j 4	k 1	8	3	4	0
	0		l 2	1	
m 8	4	n 2		,	o 1
,		p 0	,	7	2
q 9	2		r 1	3	1

5

Prozentwert: 8; Grundwert: 64; Prozentsatz: 12,5 %

6

Er zieht 28,76 € ab. Er zahlt also 1 409,24 €

7

Gesucht: G. Sein Monatsgehalt beträgt 3 100 €.

Prozentsatz, Prozentwert, Grundwert berechnen (2), Seite 44

1

siehe Figur 1

A) 45 %   B) 30 %   C) 200 g

D) 532   E) 10 %   F) 32

Reihenfolge: D – C – F – B – A – E

2

a) 600

p %	10 %	20 %	25 %	45 %	50 %	100 %
W	60	120	150	270	300	600

b) 120

p %	5 %	10 %	25 %	40 %	75 %	100 %
W	6	12	30	48	90	120

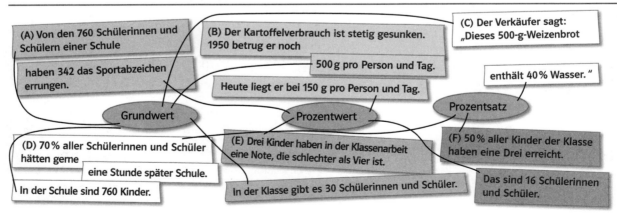

(A) Von den 760 Schülerinnen und Schülern einer Schule

haben 342 das Sportabzeichen errungen.

(B) Der Kartoffelverbrauch ist stetig gesunken. 1950 betrug er noch

500 g pro Person und Tag.

Heute liegt er bei 150 g pro Person und Tag.

(C) Der Verkäufer sagt: „Dieses 500-g-Weizenbrot

enthält 40 % Wasser. "

Grundwert   Prozentwert   Prozentsatz

(D) 70 % aller Schülerinnen und Schüler hätten gerne

eine Stunde später Schule.

In der Schule sind 760 Kinder.

(E) Drei Kinder haben in der Klassenarbeit eine Note, die schlechter als Vier ist.

In der Klasse gibt es 30 Schülerinnen und Schüler.

(F) 50 % aller Kinder der Klasse haben eine Drei erreicht.

Das sind 16 Schülerinnen und Schüler.

Fig. 1

3

	a)	b)	c)	d)	e)	f)	g)	h)
W	18 m	54 g	12 h	24 m²	6 l	14 €	23 cm	74,4
G	600 m	450 g	60 h	48 m²	60 l	25 €	0,4 m	240
p%	3 %	12 %	20 %	50 %	10 %	56 %	57,5 %	31 %

4

a) 0,25 % ≈ 0,3 %   b) 66,7 %   c) 28,6 %
d) 4,2 %   e) 108,3 %
Lösungssatz: PROZENTRECHNEN IST LEICHT

5

a) 400 Enten   b) 625 g   c) 375 l
d) 4,8 cm   e) 49

6

a) >   b) =   c) >   d) <   e) =

Prozentsatz, Prozentwert, Grundwert berechnen (3), Seite 45

1

a) 108   b) 252   c) 216

2

Gesucht: G
a) Wie viele Schülerinnen und Schüler hat die Schule?
b) Sie hat 540 Schülerinnen und Schüler.

3

a) Sonnenschein: 1056,00 € (vorher)   1108,80 € (jetzt)
Meier: 1246,00 € (vorher)   1308,30 € (jetzt)
Lieber: 1446,40 € (vorher)   1518,72 € (jetzt)
b) 4,76 %

4
87,5 %

5

Farblich gleiche Gruppen:

800; 40; 5 %; Eintrag: $\frac{1}{20}$

5000; 750; 15 %; Eintrag: $\frac{3}{20}$

2500; 500; 20 %; Eintrag: $\frac{1}{5}$

450; 180; 40 %; Eintrag: $\frac{2}{5}$

250; 200; 80 %; Eintrag: $\frac{4}{5}$

1200; 400; 300 %; Eintrag: 3

Prozentrechnen im Alltag, Seite 46

1

a) – c)

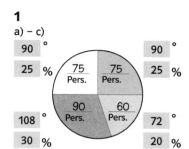

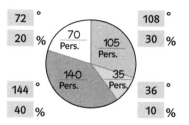

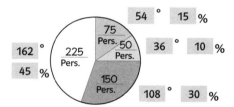

d) A – richtig   C – richtig   E – falsch
B – falsch   D – ??   F – ??

2

a) Der Fettgehalt beträgt bei Salzstangen 0 g; Crackern 11 g;
Popcorn 8 g; Erdnusslocken 36 g; Kartoffelchips 17 g;
Erdnüssen 25 g; Macadamianüssen 144 g.
b) Mann: weniger als 5 Chipstüten
Frau: weniger als 4 Chipstüten

3

alter Preis	Rabatt	Ersparnis	neuer Preis
99,90 €	10 %	9,99 €	89,91 €
39,90 €	30 %	11,97 €	27,93 €
19,90 €	20 %	3,98 €	15,92 €
21,90 €	30 %	6,57 €	15,33 €

■ **Text:** direkt; Anteile
Beispiele: 7c 7b $\frac{75}{100}$ ist > $\frac{21}{30} = \frac{70}{100}$

■ **Text:** 100; Dezimalbruch
Beispiele: 0,17 = 17% $\frac{75}{100}$ = 0,75 = 75%

■ **Text:** kreisen; 3,6°
Beispiele: 65% 65%; 234° 10%; 36° 25%; 90°

■ **Text:** Prozent; p% = $\frac{W}{G}$
Beispiele: $\frac{100 \cdot 48}{240}$% = 20% p% = $\frac{48}{240}$ = 20%

■ **Text:** Anteil; W = G · p% = $\frac{G \cdot p}{100}$
Beispiele: 1% — $\frac{500}{100}$ m = 5m 55% — 5m · 55 = 275m

■ **Text:** Ganze; G = $\frac{W}{p\%} = \frac{W \cdot 100}{p}$
Beispiele: 2000 G = $\frac{700 \cdot 100}{35}$ = 2000

Zufallsversuche, Seite 48

1
Mögliche Lösungen sind:
a) b)

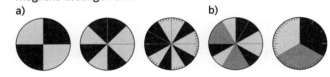

2
a) bis c) sind Zufallsgeräte, d) und e) sind keine.

3
a) Nein.
b) Ja. Mögliche Ergebnisse: z.B. gelb, grün, rot, blau (je nach Farbzusammenstellung des Würfels).
c) Ja. Mögliche Ergebnisse: z.B. Lieblings-CD oder andere
d) Ja. Mögliche Ergebnisse: Gewinn, Niete.
e) Nein. Denn man kann nur einen bestimmten Blinker setzen, den linken oder den rechten. Es gibt keinen Knopf „Blinker", wo zufällig „links" oder „rechts" gewählt werden könnte.
f) Ja. Mögliche Ergebnisse: Keine der angekreuzten Zahlen wird gezogen. Oder: 1 (2, 3, 4, 5 oder alle) der getippten Zahlen wird (werden) gezogen.

4
a) Die möglichen Ergebnisse bei einem Wurf sind 1; 2; 3; 4; 5; 6. Da Peter schon vier Sechsen herausgelegt hat, bestehen insgesamt die Möglichkeiten (6, 6, 6, 6, 1); (6, 6, 6, 6, 2); (6, 6, 6, 6, 3); (6, 6, 6, 6, 4); (6, 6, 6, 6, 5); (6, 6, 6, 6, 6). Nur das letzte Ergebnis ist ein „Kniffel". Die Chance darauf ist mit $\frac{1}{6}$ eher gering.
b) Die möglichen Ergebnisse sind 1; 2; 3; 4; 5; 6. Da Marita schon eine „Straße" herausgelegt hat, bestehen

beim letzten Wurf folgende Möglichkeiten:
(2, 3, 4, 5, 1); (2, 3, 4, 5, 2); (2, 3, 4, 5, 3); (2, 3, 4, 5, 4); (2, 3, 4, 5, 5); (2, 3, 4, 5, 6)
Nur mit dem ersten oder letzten Ergebnis hat sie eine „große Straße". Die Chance darauf ist mit $\frac{2}{6} = \frac{1}{3}$ zwar nicht ganz gering, aber auch noch nicht hoch.

Wahrscheinlichkeiten, Seite 49

1
a) $\frac{1}{3}$ b) $\frac{1}{6}$ c) $\frac{1}{2}$ d) $\frac{1}{10}$

2
a) Im Gefäß befinden sich sechs gelbe Kugeln, zwei weiße und vier rote Kugeln.
b) $\frac{3}{11}$ c) $\frac{3}{9} = \frac{1}{3}$

3
a) $\frac{1}{6}$; 0,1$\overline{6}$; 16,$\overline{6}$% b) $\frac{1}{20}$; 0,05; 5%
c) $\frac{1}{7}$; 0,14286; 14,3% d) $\frac{1}{7}$; 0,14286; 14,3%
e) z.B. mit einer Münze „Zahl" zu werfen; 0,5; 50%

4
a) $\frac{1}{16}$ b) $\frac{1}{4}$ c) $\frac{11}{16}$
d) etwa 31-mal Hauptgewinn, 125-mal Trostpreis, 344-mal Niete

5
a) $\frac{1}{4}$
b) 13-mal eine orange Kugel, 10-mal eine graue und 28-mal eine weiße Kugel. (gerundete Werte, deshalb Summe 51)

Ereignisse, Seite 50

1

Wahrschein-lichkeit,	mögliche Ergebnisse	günstige Ergebnisse	Wahrschein-lichkeit
a)	20	5	$\frac{1}{4}$ = 25%
b)	20	15	$\frac{3}{4}$ = 75%
c)	18	1	$\frac{1}{18}$ = 5,5%
d)	16	1	$\frac{1}{16}$ = 6,25%

2
a) c)

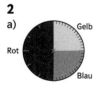 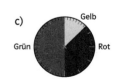

a) Blau: 25%
b) Orange: 33,$\overline{3}$% Weiß: 66,$\overline{6}$%
c) Rot: 37,5% Gelb: 12,5% Grün: 50%

3
a) $\frac{11}{28}$ (bzw. 39,29%) b) $\frac{17}{28}$ (bzw. 60,71%)

4

a) Günstige Ausgänge: 6

Wahrscheinlichkeit: $\frac{1}{6}$

b) Günstige Ausgänge: 2, 4, 6

Wahrscheinlichkeit: $\frac{1}{2}$

c) Günstige Ausgänge: 1, 2, 3, 6

Wahrscheinlichkeit: $\frac{2}{3}$

d) Günstige Ausgänge: 1, 2, 3, 4

Wahrscheinlichkeit: $\frac{2}{3}$

Schätzen von Wahrscheinlichkeiten, Seite 51

1

a) aH

b) rH

c) rH

d) rH

e) aH

f) rH

2

a) siehe Tabelle 1

b) Die obere Verteilung (10 000 Würfe) ist wahrscheinlich für diesen Würfel.

Die untere Verteilung (100 000 Würfe) ist realistisch für einen normalen (nicht gezinkten) Würfel.

3

a) und b)

gewürfelte Zahl		1	2	3	4	5	6	7	8
Anzahl der Würfe	20	0,15	0,05	0,2	0,2	0,1	0,05	0,2	0,05
	100	0,15	0,07	0,14	0,16	0,13	0,16	0,14	0,08
	450	0,12	0,11	0,14	0,13	0,14	0,12	0,12	0,12
Wahrscheinlichkeit		12%	11%	14%	13%	14%	12%	12%	12%

Veronikas Behauptung stimmt, denn $\frac{1}{8}$ entspricht einer Wahrscheinlichkeit von 12,5%.

Zufall und Wahrscheinlichkeit | Merkzettel, Seite 52

■ **Text:** gerät; Mögliche

Beispiele: Kopf; Zahl; Orange, Weiß und Grau

■ **Text:** 1   wahrscheinlich

Beispiele: $\frac{1}{4}$ $\frac{1}{6}$ $\frac{2}{6} = \frac{1}{3}$ $\frac{3}{6} = \frac{1}{2}$

■ **Text:** Ereignis

Beispiele: 8   4 $\frac{1}{2}$

■ **Text:** relative; Schätzen

Beispiele: 212 $\frac{788}{1000} = 78,8\%$ $\frac{212}{1000} = 21,2\%$

Üben und Wiederholen | Training 3, Seite 53

1

a) $\frac{1}{3} \cdot \left(\frac{8}{9} + \frac{1}{9}\right) = \frac{1}{3}$

b) $\frac{4}{7} \cdot \frac{7}{8} + \frac{4}{7} \cdot \frac{7}{12} = \frac{1}{2} + \frac{1}{3} = \frac{5}{6}$

c) $\frac{4}{5} \cdot \left(\frac{3}{13} + \frac{7}{13}\right) = \frac{8}{13}$

d) $\frac{5}{12} \cdot 48 + \frac{5}{12} \cdot \frac{36}{25} = 20\frac{3}{5}$

2

a)

b)

3

a) Christof zahlt 3,20 €.

b) Die Karte ist noch 7,50 € wert.

Würfelaugen	⚀	⚁	⚂	⚃	⚄	⚅
Strichliste	ⵘⵘⵘⵘ I	ⵘ IIII	ⵘⵘ I	ⵘⵘ I	ⵘⵘ	ⵘⵘ
absolute Häufigkeit	21	9	11	11	10	10
relative Häufigkeit	$\frac{21}{72}$	$\frac{1}{8}$	$\frac{11}{72}$	$\frac{11}{72}$	$\frac{5}{36}$	$\frac{5}{36}$
in Prozent	29,2%	12,5%	15,3%	15,3%	13,9%	13,9%

Tab. 1

4

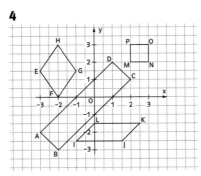

a) Rechteck   b) Raute   c) Parallelogramm   d) Quadrat

Üben und Wiederholen | Training 3, Seite 54

5
Das Lösungswort lautet MERLIN.

6
a) –2,5   b) –0,24   c) 1,44   d) 3,61
e) –0,006   f) –0,9   g) 0,4   h) –1,28

7
α = 115°; β = 115°; γ = 65°; δ = 115°

8
A – zwei rechtwinklige Dreiecke
B – zwei stumpfwinklige Dreiecke
C – zwei spitzwinklige Dreiecke
D – zwei gleichschenklig rechtwinklige Dreiecke
E – zwei stumpfwinklige Dreiecke

9
Konstruktion nach WSW

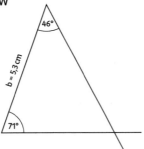

10
Erste Spalte: a = 6; n = 8; p = 7; x = 5; a + n + p + x = 26
Zweite Spalte: b = 8; y = 7; z = 2; c = 1; b + y + z + c = 18
Dritte Spalte: d = 2; c = 7; h = 42; m = 4; d + c + h + m = 55

Üben und Wiederholen | Training 3, Seite 55

11
Sorte A: 4% verdorbene Birnen
Sorte B: ~3,7% verdorbene Birnen
Sorte B eignet sich etwas besser für die Lagerung.

12
a) 2004: 475 Verkehrstote unter Radfahrern (Grundwert)
2005: 21% mehr (Prozentsatz)
b) Gesucht: Prozentwert
c) 21% von 475 sind 99,75 (≈100). Somit starben 575 Radfahrer im Jahr 2005.
d) Anzahl Minuten pro Jahr: 365 · 24 · 60 = 525 600
Anzahl verunglückter Radfahrer 2005: 78 438
525 600 : 78 438 ≈ 6,7
Die Aussage ist richtig.

13

a) $\frac{1}{10}$	0,1	10%
b) $\frac{5}{10} = \frac{1}{2}$	0,5	50%
c) $\frac{3}{10}$	0,3	30%
d) $\frac{4}{10} = \frac{2}{5}$	0,4	40%

14
a) Nein, zusammen mit dem Joker (der als Zwei definiert werden kann) beträgt sie $\frac{7}{12}$.
b) Nicht entscheidbar, die Wahrscheinlichkeit für den Joker beträgt zwar $\frac{1}{12}$, sie macht sich aber erst nach sehr vielen Drehungen bemerkbar.
c) Ja, denn der Joker kann als Zahl größer als Zwei definiert werden.
d) Ja, die Drei und der Joker belegen vier von 12 Feldern; $\frac{4}{12} = \frac{1}{3}$.

Beilage zum Arbeitsheft Schnittpunkt 7
Differenzierende Ausgabe

ISBN 978-3-12-742438-6
ISBN 978-3-12-742437-9

Zeichnungen/Illustrationen: druckmedienzentrum GmbH, Gotha; visualdesign, Stuttgart
DTP/Satz: druckmedienzentrum GmbH, Gotha; media office GmbH, Kornwestheim

Terme und Variablen

1 Berechne die Werte der Terme.

x	$3x - 5$	$-x + 3$	$5 - \frac{1}{2}x$	$(x + 4) \cdot 2$
2	$3 \cdot 2 - 5 = 1$			
$\frac{1}{4}$				
-2				
3,6				
-12				

2 Welcher Wert wurde für die Variable y gewählt?

a)

y				
$4y - 1$	3	1	-5	19

b)

y				
$\frac{1}{4}y + 3$	4	3	2,75	3,5

c)

y				
$4 - 2y$	6	-4	4	3

3 Welcher Term passt zur Tabelle?

$2x^2 + 2$ $2x - 1$ $4x + 2$ $2x^2 - 2$ $4x - 2$ $4 - \frac{1}{2}x$

a)

x	2	0	$\frac{1}{2}$	-6
Term: _____	3	-1	0	-13

b)

x	2	0	$\frac{1}{2}$	-6
Term: _____	3	4	3,75	7

c)

x	2	0	$\frac{1}{2}$	-6
Term: _____	10	2	2,5	74

d)

x	2	0	$\frac{1}{2}$	-6
Term: _____	10	2	4	-22

4 Die Klasse 7b verkauft beim Schulfest Softeis mit und ohne Sahne.

	Einkaufs-preis	Verkaufs-preis
Portion Eis	40 ct	60 ct
Portion Sahne	20 ct	40 ct

a) Berechne den Gewinn, wenn 124 Eistüten ohne Sahne verkauft werden.

b) Stelle einen Term auf für den Fall, dass x Portionen verkauft werden.

c) Stelle einen Term auf für den Gewinn der 7b, wenn x Portionen ohne und halb so viele mit Sahne verkauft werden. _____

5 Löse das Kreuzzahlrätsel.

Waagerecht:

A $a \cdot 272$	$a = 3$
C $x \cdot (-19 + 101)$	$x = 2$
G $17 \cdot h + 180$	$h = 32$
I $2452 : q + 5981$	$q = 0,4$
K $-n \cdot 122$	$n = -2,5$
M $7 : x + 4$	$x = \frac{1}{4}$
O $a \cdot 150 + 1$	$a = 0,4$
Q $95 \cdot b - 38$	$b = 5$
R $2 \cdot 7 \cdot x - (-6)$	$x = 9$

Senkrecht:

A $16 \cdot b + 732$	$b = 5$
B $3 \cdot a + 28$	$a = -4$
D $-x + 76$	$x = 7$
E $818 : m$	$m = 2$
F $3025 : x$	$x = 0,25$
G $(-952) : y + 247$	$y = -2$
H $9 \cdot m - 8$	$m = 47$
J $(-13) \cdot p - 13$	$p = -19$
L $12 \cdot (-z)$	$z = -26$
N $2 \cdot (b + 4) + 1$	$b = 7$
O $(-7) \cdot 3 \cdot (-c)$	$c = 3$

Aufstellen von Termen

1 Bilde einen Term. Wie du die Variable nennst, kannst du selbst bestimmen.
a) Verringere eine Zahl um 12.

_____

b) Gesucht ist der Vorgänger einer natürlichen Zahl.

_____

c) Verdreifache eine Zahl.

_____

d) Dividiere eine Zahl durch −6.

_____

e) Dividiere eine Zahl durch −7, addiere dann 3,18.

_____

f) Subtrahiere eine Zahl von 15.

_____

2 Bilde auch hier einen Term.

a) die Hälfte der Differenz aus x und 1,7:

_____

b) das Vierfache der Summe aus $\frac{1}{2}$ und a:

_____

c) Das Produkt aus 3 und b halbiert:

_____

d) das Doppelte der Summe aus z und 4:

_____

e) ein Drittel der Differenz aus n und 12:

_____

f) das Fünffache des Quotienten aus x und 2,5:

_____

3 Stelle für die Gesamtlänge der schwarzen Linie einen Term auf.

a)   b)

_____

4 Zeichne einen Streckenzug, dessen Gesamtlänge durch den Term 2 d + 4 e gegeben ist.

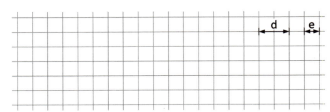

5 Zu jedem Term gehört eine der vier Rechenvorschriften. Welche ist die richtige?

a) (x + 3) · 3 − 3 _____

b) (3 · x − 3) + 3 _____

c) (x + 3) : 3 + 3 _____

A | x ⟶ addiere 3 ⟶ dividiere durch 3 ⟶ addiere 3

B | x ⟶ addiere 3 ⟶ multipliziere mit 3 ⟶ subtrahiere 3

C | x ⟶ multipliziere mit 3 ⟶ addiere 3 ⟶ subtrahiere 3

D | x ⟶ multipliziere mit 3 ⟶ subtrahiere 3 ⟶ addiere 3

6 Ordne der Beschreibung den richtigen Term zu.

Umkreise den zugehörigen Buchstaben und du erhältst ein Lösungswort: _____

die Zahl vervierfachen und vom Ergebnis 12 abziehen	R | 4 · (x − 12)	L | 4 · x − 12
die Differenz aus 108 und der Summe aus 45 und einer Zahl	L | 108 − (45 + x)	E | (108 − 45) + x
zu 234 die gedachte Zahl addieren und das Ergebnis durch 3 dividieren	A | (234 + x) : 3	I | 234 + x : 3
zu −23 das Fünffache der Zahl addieren	B | −23 + 5 · x	N | −(23 + 5) · x
die Differenz aus 4,5 und dem dritten Teil der gedachten Zahl	F | (4,5 − x) : 3	S | 4,5 − x : 3
vom Quotienten aus 45 und der gedachten Zahl 15 subtrahieren	S | 45 : x − 15	E | 45 : 15 − x
der dritte Teil der Differenz aus dem Doppelten der Zahl und 4	U | (2 · x − 4) : 3	L | 2 · x − (4 : 3)
das Zweieinhalbfache der Zahl um 7 verringern	S | 2,5 · (x − 7)	F | 2,5 · x − 7

Terme addieren und subtrahieren

1 Vereinfache den Term.

a) 1 Hund + 2 Katzen + 3 Hunde = _____

b) $2\heartsuit + \heartsuit + 3\heartsuit$ = _____

c) $3x - x^2 + 4x - 2x - 5x$ = _____

d) $b - 3 \cdot b + 4b - 10b$ = _____

e) $y + 3y^2 - 2 \cdot y - y^2 - 5y$ = _____

f) $2 \cdot k + k + 7 \cdot k - 3k$ = _____

g) $-a + 5 \cdot a - 3 \cdot a$ = _____

h) $7t - t + 3t$ = _____

2 Vereinfache wieder den Term.

a) $x + x + y + x + y$ = _____

b) $7a + 2b - 5a - 3b + b$ = _____

c) $-\heartsuit + 3\smiley - 3\heartsuit - \heartsuit - 2\smiley + 5\heartsuit$ = _____

d) $4a + 5b - 17a - b$ = _____

e) $-3q + 5q + 3p + 2p + 10$ = _____

f) $12a - 3b + c - 4b - 2c + 3a$ = _____

g) $9x + 3m - 2n + 4m + 9n - 2x$ = _____

h) $-x + m + x - m$ = _____

3 Fülle die Lücken.

a) $7 \cdot a + 4a -$ _____ $= 9a$

b) $-3m - m +$ _____ $- 2m = -5m$

c) _____ $+ 2a - 5a = 4a$

d) _____ $- x + 12 = x + 12$

e) $24x -$ _____ $- 17x = x$

f) $2a - 4{,}5 + 3a +$ _____ $+$ _____ $= 7a - 4$

4 Sind die Terme richtig zusammengefasst? Wenn du die entsprechenden Buchstaben umkreist, erhältst du ein Lösungswort.

	richtig	falsch	richtige Lösung
$2 \cdot a - 3a - a = -2a$	t	ö	
$19 \cdot b - 19 + b + 4b - 12 = 5b - 12$	s	n	
$8z - 2z + 9z = 15z$	e	t	
$-7z + a + 5z - 3a = -2z - 2a$	l	e	
$3p - 2p - 4 \cdot p = 9p$	r	a	
$4m + 9m + 6m - 2n = 17m$	l	v	
$17y + 17 + 17y - 17 = 17y$	e	i	
$7a - 3b - 2c + 3a + 2c = 10a - 3b$	u	c	
$2a - a - b + b - 2a = -2a$	h	q	
$7x + 4m - 3m + 7 = 14x - 2m$	e	ä	

Zur Erinnerung:
$a = 1 \cdot a = 1a$
$-a = (-1) \cdot a = -1a$
$0 \cdot a = 0a = 0$

Lösungswort:

_ _ _ _ _ _ _ _ _ _

5 Zu jedem Term auf der linken Seite gehört ein äquivalenter auf der rechten. Notiere in die mittleren Kästchen die vereinfachten Terme und verbinde diese dann wie im Beispiel.

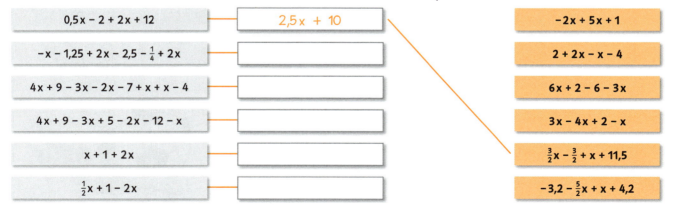

linke Seite	Mitte	rechte Seite
$0{,}5x - 2 + 2x + 12$	$2{,}5x + 10$	$-2x + 5x + 1$
$-x - 1{,}25 + 2x - 2{,}5 - \frac{1}{4} + 2x$		$2 + 2x - x - 4$
$4x + 9 - 3x - 2x - 7 + x + x - 4$		$6x + 2 - 6 - 3x$
$4x + 9 - 3x + 5 - 2x - 12 - x$		$3x - 4x + 2 - x$
$x + 1 + 2x$		$\frac{3}{2}x - \frac{3}{2} + x + 11{,}5$
$\frac{1}{2}x + 1 - 2x$		$-3{,}2 - \frac{5}{2}x + x + 4{,}2$

Terme multiplizieren und dividieren

1 Fülle die Tabelle aus.

a)

·	2	3x	7a		
4x				12xz	
12t			60bt		
4yz					

b)

·	2	x	y²		
x				2x²y	
y			2xy		
2xy					

2 Vereinfache die Terme so weit wie möglich. Male pro Aufgabe ein Lösungsfeld aus.

a) $2x \cdot x : 2 =$ ___x^2___

b) $x \cdot x \cdot y =$ _____

c) $x \cdot x \cdot y \cdot y =$ _____

d) $x \cdot y \cdot x =$ _____

e) $x \cdot x \cdot y \cdot y \cdot x =$ _____

f) $12 \cdot x \cdot y : 6 \cdot x =$ _____

g) $x \cdot 2y \cdot 4 \cdot x =$ _____

h) $3x \cdot 2y \cdot x =$ _____

i) $2x \cdot y \cdot 2y \cdot 2 =$ _____

j) $4x \cdot 2y : 8 =$ _____

k) $x \cdot y \cdot 2 =$ _____

l) $1 \cdot x \cdot 2y^2 =$ _____

m) $0 \cdot x \cdot y^2 =$ _____

n) $12 \cdot y^2 : 2 \cdot x \cdot x =$ _____

o) $y \cdot x \cdot y \cdot x \cdot y \cdot x =$ ___

p) $4 \cdot y \cdot x \cdot x \cdot y =$ ___

q) $2 \cdot 1 \cdot x \cdot y \cdot 3 =$ _____

r) $x \cdot y \cdot y \cdot 4 =$ _____

s) $9x \cdot y : 3 =$ _____

t) $6x \cdot y : 2 \cdot y =$ _____

x	4xy²	xy	3x²y	5x²	2xy²	8y	8yx	8x²y
x²	x + y	x³	x²y	x³y³	x²y²	3y	6xy	y
x³y²	2x	y²	x²y	yx³	0	3xy²	3x²y	3x³y
8xy²	8x	3xy³	6x²y²	y³	3xy	x³y	2x²y	5xy
8xy	2xy	x³y³	x³y	7xy	4x³y²	yx³	x³y³	6x²y

3 Vereinfache die Terme.

a) $4 \cdot 4 =$ _____

b) $4 + 4 =$ _____

c) $x \cdot x \cdot x =$ _____

d) $x + x + x =$ _____

e) $xy \cdot xy \cdot xy =$ _____

f) $xy + xy + xy =$ _____

g) $2xy \cdot 2xy =$ _____

h) $2xy + 2xy =$ _____

i) $4xy \cdot 4xy =$ _____

j) $4xy + 4xy =$ _____

> **Aufgepasst:**
>
> |— m —|— m —|
>
> $m + m = 2 \cdot m = 2m$
> Bsp.: $5 + 5 = 2 \cdot 5 = 10$
>
> | m² | m
> m
>
> $m \cdot m = m^2$
> Bsp.: $5 \cdot 5 = 5^2 = 25$

4 Überprüfe, ob die Terme richtig vereinfacht worden sind. Umkreise die zugehörigen Buchstaben und du erhältst ein Lösungswort. Verbessere falls nötig.

	richtig	falsch	richtige Lösung
$4z : 2 + z = 2z^2$	L	F	
$z^2 + z + z = 3z^2$	L	E	
$3z^2 + z^2 = 4z^2$	D	E	
$z^2 + 2z^2 = 3z^2$	E	D	
$z + z^2 + z^2 = 3z^2$	E	R	
$z^2 \cdot z = z^3$	B	R	
$z \cdot 2z : 2 = 2z^2$	M	A	
$5yz : 2,5 = 2yz$	L	A	
$yz \cdot yz = 2y^2z^2$	S	L	

Lösungswort: __ __ __ __ __ __ __ __ __

5 Hier ist ein Faktor verloren gegangen. Finde ihn heraus.

a) _____ $\cdot 7 = 56ab$

d) _____ $\cdot 12xy = 48x^2y$

b) $15a \cdot$ _____ $= 165a^2$

e) $3z \cdot$ _____ $= 63x^2y^2z^2$

c) $25x \cdot$ _____ $= 125xy^2$

f) _____ $: 3 = 2a^2b^3$

Terme mit Klammern

1 Ergänze die „unsichtbaren" Malzeichen (insgesamt sind es neun).

a) 5 a

b) 7 b – y z

c) 7 (c d – 3)

d) 3 z (2 n + 5 m)

2 Schreibe ohne Klammer und fasse zusammen. Die Lösungen aus Aufgabe 2 und 3 ergeben einen Lösungssatz.

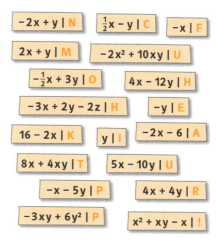

a) $x + (x + y) =$ _____

b) $-x + (x - y) =$ _____

c) $x + (-x + y) =$ _____

d) $-x - (x - y) =$ _____

e) $12 - (2x - 4) =$ _____

f) $\frac{1}{2}x + (-x + 3y) =$ _____

g) $(x - 2y) + (-2x - 3y) =$ _____

h) $(-3x - y) - (-2x - y) =$ _____

Lösungskästchen:
- $-2x + y \mid$ N
- $\frac{1}{2}x - y \mid$ C
- $-x \mid$ F
- $2x + y \mid$ M
- $-2x^2 + 10xy \mid$ U
- $-\frac{1}{2}x + 3y \mid$ O
- $4x - 12y \mid$ H
- $-3x + 2y - 2z \mid$ H
- $-y \mid$ E
- $16 - 2x \mid$ K
- $y \mid$ I
- $-2x - 6 \mid$ A
- $8x + 4xy \mid$ T
- $5x - 10y \mid$ U
- $-x - 5y \mid$ P
- $4x + 4y \mid$ R
- $-3xy + 6y^2 \mid$ P
- $x^2 + xy - x \mid$!

3 Löse die Klammern auf.

a) $4 \cdot (x + y) =$ _____

b) $-2 \cdot (x + 3) =$ _____

c) $5 \cdot (x - 2y) =$ _____

d) $\frac{1}{2} \cdot (x - 2y) =$ _____

e) $(x - 3y) \cdot 4 =$ _____

f) $4x \cdot (2 + y) =$ _____

g) $3y \cdot (-x + 2y) =$ _____

h) $2x \cdot (-x + 5y) =$ _____

i) $(3x - 2y + 2z) \cdot (-1) =$ _____

j) $(-x - y + 1) \cdot (-x) =$ _____

4 Berechne die fehlenden Angaben für die Rechtecke.

Länge	Breite	Umfang u	Flächeninhalt A
a) a	2b	$2 \cdot (a + 2b) = 2a + 4b$	$a \cdot 2b = 2ab$
b) 3a			12ab
c) a	a + b		
d) b – a	b		
e) 2a + b	3b		
f) 3a	2b – b		
g) $\frac{1}{2}a$			ab
h) a + 2b + b	b		

5 Ergänze den Term. Vermerke im orangen Kästchen, ob es sich bei dem Term links vom Gleichheitszeichen um eine Summe (S), eine Differenz (D), ein Produkt (P) oder einen Quotienten (Q) handelt.

a) ▢ $n + 3(m -$ _____$) = 3m - 2n$

b) ▢ $(4x - 6y) :$ _____ $= 2x - 3y$

c) ▢ $2a + ($ _____ $b - a) = a + 3b$

d) ▢ $(4g + 12h) :$ _____ $= g + 3h$

e) ▢ $(-r + 2p) \cdot$ _____ $= -r^2 + 2pr$

f) ▢ $2(4p - 3m) + ($ _____ $- m) = 10p - 7m$

g) ▢ _____ $- 2(y + z) = y - 2z$

h) ▢ $(2ab -$ _____ $) \cdot 3a = 6a^2b - 9a^3$

6 Schreibe als Produkt. Beispiel: $4a + 2 = 2 \cdot (2a + 1)$ und $7xy + 42x^2 = 7x \cdot (y + 6x)$

a) $8 + 16x =$ _____

b) $7xy + 28y =$ _____

c) $a + 2ab =$ _____

d) $11a^2b - 121ab =$ _____

e) $6n - 72m =$ _____

f) $5xy - 15 =$ _____

Fülle die Lücken. Für jeden Buchstaben findest du einen Strich. Löse dann die Beispielaufgaben.

■ Variablen als Platzhalter

Buchstaben oder andere Symbole, die für Größen oder Zahlen stehen, nennt man Variable (Beispiel: x; y; a; b; ☺; α; β).

■ x ist die Differenz der Zahlen

7 und 2.   x = ___

■ Terme

Terme sind Rechenausdrücke aus _ _ _ _ _ _ _ und Rechenzeichen,

manchmal enthalten sie auch _ _ _ _ _ _ _ _ _ _ .

Ersetzt man in einem Term die Variable durch eine Zahl, so erhält man

den _ _ _ _ des _ _ _ _ _ _ .

Ergeben zwei Terme beim Ersetzen der Variablen durch Zahlen immer

den gleichen Wert, dann nennt man sie _ _ _ _ _ _ _ _ _ _ .

■ Stelle einen Term auf für den Umfang der Figur.

u = _____

■ Überprüfe die Terme auf Äquivalenz.

	$T_1: 4x - 1$	$T_2: 3x - 1 + x$
x = 1		$3 \cdot 1 - 1 + 1 = 3$
x = -2	$4 \cdot (-2) - 1$ $= -9$	
$x = \frac{1}{2}$		
x =		

■ Terme vereinfachen

Äquivalente Terme kann man vereinfachen durch
• Addieren und Subtrahieren.
<u>Vorsicht:</u> Verschiedenartige Terme lassen sich nicht zusammenfassen.
   Z. B. $4x + 2x^2$.

• Multiplizieren und Dividieren.
Verkürzte Schreibweisen: $2 \cdot x = 2x$; $1x = x$; $-1x = -x$; $x \cdot y = xy$

■ b + b + b + b = _____

■ 4a – 2a = _____

■ 2a – 3b + 4a – b = _____

■ $2 \cdot x \cdot 4 \cdot y$ = _____

■ $3x^2 \cdot 2yx \cdot y$ = _____

■ 6z : 3 = _____

■ Terme mit Klammern

Addition: Addiert man zu einem Term eine Summe oder eine Differenz, so darf man die Klammer und das Plus vor der Klammer einfach weglassen.

Subtraktion: Subtrahiert man von einem Term eine Summe oder eine Differenz, so darf man die Klammer weglassen, wenn gleichzeitig alle Plus- und Minuszeichen in der Klammer umgekehrt werden.

Multiplikation und Division: Beim **Ausmultiplizieren** nimmt man jedes Glied der Klammer mit dem Faktor mal.

Beim _ _ _ _ _ _ _ _ _ _ _ _ _ setzt man einen gemeinsamen Faktor vor die Klammer.

Man nennt das dabei angewandte Gesetz das

_ _ _ _ _ _ _ _ _ _ _ _ _ _ _ _ .

■ 3a + b + (4a – 2b)

= _____

■ 2,5x + 3y – (3x – 2,5y)

= _____

■ $3 \cdot (2x - \frac{1}{2}y)$

= _____

■ 3b – 9

= ___ (___ – ___)

■ $4x^2y + 2xy$

= _____ (_____ + ___)

1 Welche Lösung passt zu welcher Gleichung? Die Buchstaben auf den Verbindungslinien ergeben ein Lösungswort.

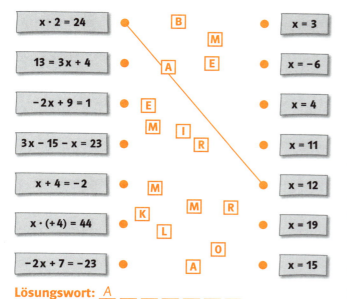

| x · 2 = 24 |
| 13 = 3x + 4 |
| −2x + 9 = 1 |
| 3x − 15 − x = 23 |
| x + 4 = −2 |
| x · (+4) = 44 |
| −2x + 7 = −23 |

B M A E E M I R M K M R L O A

| x = 3 |
| x = −6 |
| x = 4 |
| x = 11 |
| x = 12 |
| x = 19 |
| x = 15 |

Lösungswort: A _ _ _ _ _ _

2 Löse die Aufgaben durch Probieren. Von jeder Lösung gibt die Zehnerstelle die Spalte und die Einerstelle die Zeile an. So findest du die Lösungsbuchstaben.

a) $3x = 99$; x = _____

b) $a − 19 = 22$; a = _____

c) $y + 3 = 18$; y = _____

d) $z : 2 = 27$; z = _____

e) $13 + x = 47$; x = _____

f) $x : 7 = 2$; x = _____

g) $4x + 2 = 46$; x = _____

h) $2x − 5 = 35$; x = _____

i) $n − 18 = 4$; n = _____

j) $17 − 2p = −83$; p = _____

	0	1	2	3	4	5
5	S	W	Z	I	L	A
4	A	U	L	G	Ö	E
3	U	E	M	B	F	O
2	O	R	E	H	P	T
1	P	N	I	K	E	U
0	A	N	G	D	K	N

Lösungswort: _ _ _ _ _ _ _ _

3 Eine Zahl ist gesucht.

a) Das Vierfache der Zahl ergibt 24. Gleichung: _____ ; x = _____

b) Der dritte Teil der Zahl ergibt 17. Gleichung: _____ ; x = _____

c) Das Doppelte der Zahl, um 3 erhöht, ergibt 23. Gleichung: _____ ; x = _____

d) Die Zahl um 3 vermehrt ergibt −5. Gleichung: _____ ; x = _____

4 Das Mobile ist im Gleichgewicht. Drücke das Gewicht der Dreiecke (d) durch das der Kreise (k) aus. Stelle dazu erst eine Gleichung auf und löse sie dann.

a)
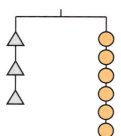
3d = 6k

d = _____

b)
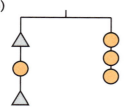
_____

d = _____

c)
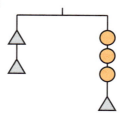
_____

d = _____

d)
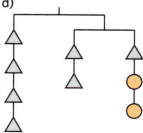
_____

d = _____

5 Torsten hat bei den Bundesjugendspielen doppelt so viele Punkte wie sein Freund Andreas. Zusammen kommen sie auf 1950 Punkte.

Wenn Andreas x Punkte erreicht hat, dann hat Torsten _____ Punkte.

Zusammen haben sie _____ Punkte. Gleichung: _____

Antwort: _____

Lösen durch Umformen

1 Die Waage ist im Gleichgewicht. Löse wie im Beispiel.

a)

b)

c)

d)

a)
$x + 2 = 12$

$x = 10$

b) _____

_____

c) _____

_____

d) _____

_____

2 Stelle die Gleichung zeichnerisch dar. Schreibe die Lösung unter die Waage.

a) $3x + 3 = 12$

b) $2x = x + 8$

c) $2x + 12 = 3x + 8$

d) $2(x + 1) = 12$

x = _____   x = _____   x = _____   x = _____

3 Löse wie im Beispiel.

a) $x - 18 = 12 \quad |+ 18$

$\qquad x = 30$

Probe: $30 - 18 = 12$

b) $z - 0,5 = -3,6$

Probe: _____

c) $y \cdot 4 = 32$

Probe: _____

d) $a : (-4) = 12$

Probe: _____

e) $\frac{1}{2}x \cdot 5 = 10$

Probe: _____

f) $b : \frac{1}{4} = -8,8$

Probe: _____

4 Löse die Gleichungen in deinem Heft. Male die Ergebnisfelder an.

a) $\frac{1}{3}x = 1$ x = ____

b) $-\frac{x}{2} + 4 = -16$ x = ____

c) $4x - 21 = 51$ x = ____

d) $-4x + 3 = x + 18$ x = ____

e) $5x - 49 = 86$ x = ____

f) $x + \frac{1}{4} = -\frac{1}{4}$ x = ____

g) $117 = 8x - 35$ x = ____

h) $100 - 9x - 23 = 5 - x;$ x = ____

i) $9x - 489 = -12$ x = ____

j) $0 = 0,5x - 12$ x = ____

k) $12x + 17 - 6x = 77$ x = ____

l) $\frac{1}{3} - \frac{1}{2}x = -\frac{1}{6}$ x = ____

m) $69 = 18 + 12x - 9 - 9x;$ x = ____

n) $x + 4 = 2x - 1$ x = ____

o) $35 - x + 4 = 27$ x = ____

p) $-\frac{3}{4} - 3x = 5\frac{1}{4}$ x = ____

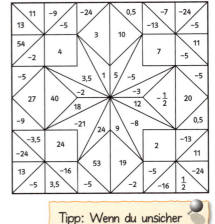

Tipp: Wenn du unsicher bist, führe die Probe durch.

5 a) Der PC kostet mit Monitor 650 €. Der Monitor kostet 300 € weniger als der Computer.

x steht für: _____

Gleichung: _____

Antwort: _____

b) Subtrahiere 1 vom Dreifachen der Zahl, nimm dann das Ergebnis mit 4 mal und du erhältst 32.

x steht für: _____

Gleichung: _____

Antwort: _____

Gleichungen mit Klammern

1 Löse die Gleichung und führe die Probe durch. Notiere auch die Äquivalenzumformungen, die du zur Lösung der Gleichungen gebraucht hast (siehe Beispiel). In a) musst du nur noch die Lücken füllen.

Gleichung	a) $4x - (5 + 2x) = 2 - (1 - x)$	b) $3(x - 4) = 2(x - 1)$

Lösungs-schritte	$4x - 5 - 2x = 2 - (1 - x)$ | Klammern auflösen
	 $4x - 5 - 2x =$ | zusammen-fassen
	  | $- x$
	  | $+ 5$	

Lösung	$x =$	
Probe	$4 \cdot 6 - (5 + 2 \cdot 6) = 7$ $7 = 7$ ✓	

2 Löse die Gleichung mithilfe von Äquivalenzumformungen. Die Lösungen zeigen dir den Weg zu einem

Lösungswort: __ __ __ __ __ __ __

a) $\frac{x}{2} = 5$ \|

b) $\frac{1}{3} = \frac{x}{21}$ \|

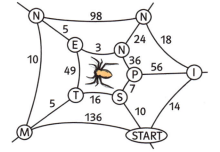

c) $\frac{3}{8}x = 21$ \|

d) $\frac{x}{4} + \frac{x}{6} = \frac{15}{2}$ \|

e) $\frac{x}{2} - \frac{x}{3} - \frac{x}{4} = -2$ \|

f) $3(3 + 5) - (4 - 3x) = 29$ \|

g) $56 - \frac{1}{2}(8x - 4) = 2x + 28$

3 Elvira hat Gleichungen gelöst. Überprüfe, ob sie richtig gerechnet hat. Führe dazu die Probe durch.

Gleichung	a) $35 - (x + 6) = 22$	b) $\frac{3 - x}{3} = 1 - \frac{2 + x}{6}$	c) $10x - 18 - (7x - 24) = (8x + 46) + (30 - 12x)$
Lösung	$x = 7$	$x = 4$	$x = 10$
Probe			
Bewertung	☐ richtig ☐ falsch	☐ richtig ☐ falsch	☐ richtig ☐ falsch

Fülle die Lücken. Für jeden Buchstaben findest du einen Strich. Löse dann die Beispielaufgaben.

■ **Lösen von Gleichungen**

Um eine Gleichung mit einer Variablen zu lösen, muss man für die Variable die Zahl finden, für die der linke und der rechte Term der Gleichung den gleichen Wert ergeben.

Gleichung: $3x + 7 = 23 + x$

$x =$ ___ heißt Lösung der Gleichung.

■ $7x - 1 = 3x + 7$

für x = ___ haben der linke Term und der rechte Term den

gleichen Wert: ____.

linker Term	rechter Term
$7 \cdot$ ___ $- 1 =$ ____	$3 \cdot$ ___ $+ 7 =$ ____

■ **Äquivalenzumformungen**

Um die Lösung zu finden, formt man die Gleichung – meist in mehreren – Schritten so lange um, bis auf der einen Seite nur noch die Variable steht.

Diese Umformungen heißen _ _ _ _ _ _ _ _ _ _ umformungen.

Dabei darf man
• auf beiden Seiten den gleichen Term addieren/subtrahieren.
• beide Seiten mit dem gleichen Term (außer mit 0) multiplizieren.
• beide Seiten durch den gleichen Term (außer durch 0) dividieren.

$3x + 7 = 23 + x$ | ___

$2x + 7 = 23$ | ___

$2x =$ _____ | ___

$x =$ ____

■ $x + 2 = 3$ | ____

        $x =$ ____

■ $\frac{1}{2}x = 4$ | $\cdot$ ____

        $x =$ ____

■ $3y = 9$ | ____

        $y =$ ____

■ $4x - 18 = x + 12$ | ___

_____ | ___

_____ | ___

        $x =$ ____

■ **Gleichungen mit Klammern**

Beim Lösen von Gleichungen ist es oft sinnvoll, erst die Klammern aufzulösen.

Hat man ein Ergebnis für eine Gleichung bestimmt, kann dieses überprüft werden. Man setzt das Ergebnis für die Variable ein. Wenn die Gleichung stimmt, ist das Ergebnis korrekt, sonst nicht.

■ $8x - (5 + 2x) = 3(x + 3) + 1$

_____ = _____

_____ = _____ | ___

_____ = _____ | ___

_____ = _____ | ___

       $x = 5$

Probe:

$40 - (5 +$ _____ $) = 3 \cdot 8 + 1$

_____ = _____

1 Setze <, > oder = ein. Gleichheit liegt einmal vor.

a) $\dfrac{1}{3}$ $= \dfrac{1}{4} \cdot \dfrac{4}{3}$ $<$ $\dfrac{2}{5} \cdot \dfrac{5}{3} =$ $\dfrac{2}{3}$

b) _____ $= \dfrac{9}{4} \cdot \dfrac{8}{3}$ ▢ $\dfrac{12}{7} \cdot \dfrac{7}{6} =$ _____

c) _____ $= \dfrac{14}{9} \cdot \dfrac{3}{7}$ ▢ $\dfrac{15}{6} \cdot \dfrac{9}{10} =$ _____

d) _____ $= \dfrac{5}{12} \cdot \dfrac{8}{15}$ ▢ $\dfrac{16}{27} \cdot \dfrac{36}{24} =$ _____

e) _____ $= \dfrac{21}{4} \cdot \dfrac{1}{7}$ ▢ $\dfrac{45}{11} \cdot \dfrac{11}{60} =$ _____

f) _____ $= \dfrac{2}{5} \cdot \dfrac{7}{3}$ ▢ $\dfrac{1}{2} \cdot \dfrac{8}{5} =$ _____

2 Der Flächeninhalt und eine Seite der Figur sind gegeben. Berechne die fehlende Seite.

a)
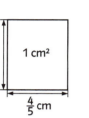
1 cm²
$\frac{4}{5}$ cm

b)
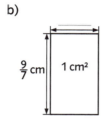
$\frac{9}{7}$ cm   1 cm²

c)
3 cm² $\frac{3}{5}$ cm

d)
$\frac{4}{9}$ cm² $\frac{2}{3}$ cm

3 Ein PKW verbraucht 8,2 l Benzin auf einer Strecke von 100 km. Ein Liter Benzin kostet 1,23 €.

a) Fülle die Tabelle aus.

Strecke	50 km	300 km	450 km	
Benzinverbrauch				41 l
Kosten				

b) Reicht eine Tankfüllung von 55 l für eine Strecke von 650 km? Begründe.

_____

_____

c) Ein anderes Auto verbraucht nur 4,2 l Benzin pro 100 km.

Strecke	50 km	300 km	450 km	
Benzinverbrauch				41 l
Kosten				

d) Bei einer Strecke von 6 000 km unterscheiden sich die Kosten bei den beiden Autos um

_____ €.

4 Schreibe die Brüche als Dezimalbrüche und trage sie in die Zahlengerade ein. Markiere die Werte mit den Buchstaben. Du erhältst ein Lösungswort.

$\dfrac{25}{125} =$ _____ | R

$-\dfrac{13}{4} =$ _____ | E

$\dfrac{7}{2} =$ _____ | H

$-\dfrac{560}{700} =$ _____ | N

$\dfrac{630}{300} =$ _____ | C

$-\dfrac{12}{8} =$ _____ | I

$\dfrac{95}{190} =$ _____ | U

$-\dfrac{11}{110} =$ _____ | B

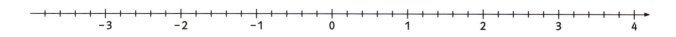

5 Entscheide, ob die Zuordnungen proportional oder umgekehrt proportional sind. Berechne dann.

a) Wenn ein Gewinn an acht Personen ausgezahlt wird, erhält jeder 4130 €. Wenn der Gewinn nur an sieben Mitspieler ausgezahlt wird, bekommt jeder

_____ €. Der Gesamtgewinn beträgt

_____ €. Die Zuordnung

ist _____ .

b) Robert fährt mit seinem Auto in den Urlaub. Er fährt insgesamt 263 km. Für die ersten 150 km braucht er 80 Minuten. Wenn er dieses Tempo beibehält, schafft er die gesamte Strecke in insgesamt

_____ .

Die Zuordnung ist _____ .

c) Karl packt sieben Kisten mit je fünf Fußbällen in 15 Minuten. Nach sechs Stunden Arbeitszeit sind

_____ Kisten versandfertig. Die Zuordnung ist

_____ .

6 a) Fülle die unten stehende Tabelle für die Dreiecke mit den passenden Zahlen 1 bis 7 aus.

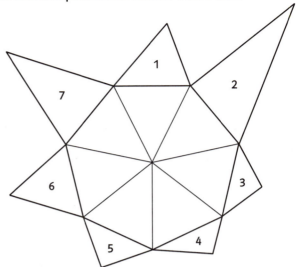

	spitz-winklig	recht-winklig	stumpf-winklig
gleichseitig			
gleichschenklig, nicht gleichseitig			
allgemein			

b) In der Zeichnung gibt es _____ gleichschenklige Dreiecke.

7 Vermerke in den Kästchen, ob es sich bei dem Term um eine Summe (**S**), eine Differenz (**D**), ein Produkt (**P**) oder einen Quotienten (**Q**) handelt. Löse die Klammern auf.

a) $5(2x - 3y) = $ _____ ▢

b) $p(2r - 3p) = $ _____ ▢

c) $-3(4a + 11b) = $ _____ ▢

d) $(4n - 12) : (-2) = $ _____ ▢

e) $(3x - y) + 3y = $ _____ ▢

f) $(21x - 49z) : 7 = $ _____ ▢

g) $(7a + 4b - 6c) \cdot 2d = $ _____

h) $3(4n + 3m) - 5(2n - 3m) = $ _____ ▢

_____ ▢

i) $a(b - 2a) + (3a^2 - 6b) : 3 = $ _____

j) $(-14ab + 4b) : 2 - a(3b + 5a) = $ _____ ▢

_____ ▢

8 Unterstreiche alle Gleichungen, für die x = 5 die Lösung bildet. Die zugeordneten Buchstaben ergeben ein Lösungswort.

a) $x : 5 = 1$ ▢ K

b) $3x - 5 = 7x + 15$ ▢ U

c) $3 \cdot x - 5 = 10$ ▢ L

d) $3 \cdot (x - 4) = 3$ ▢ A

e) $2(x + 4) = 3x$ ▢ U

f) $-2x + 3 = -12 + x$ ▢ M

g) $7x - 1 = 15 - (-3)x + 4$ ▢ M

h) $\frac{1}{5} \cdot (x - 10) = 1$ ▢ S

i) $-x - 12 = -27 + 2x$ ▢ E

j) $13 - 2x = 3(x - 4)$ ▢ R

k) $17 = 3(x + 4)$ ▢ A

l) $-(3 - 5x) = 12 - (x - 15)$ ▢ N

Lösungswort: __ __ __ __ __ __ __

Absoluter und relativer Vergleich

1 Mache die Brüche gleichnamig. Beschrifte den Zahlenstrahl und markiere die Brüche. Ordne dann die Brüche.

a) $\frac{3}{4}$ =  , $\frac{5}{6}$ = , $\frac{7}{12}$ = , $\frac{2}{3}$ =

0 ⊢⊢⊢⊢⊢⊢⊢⊢⊢⊢⊢⊢⊢⊢⊢⊢⊢⊢⊢⊢⊢⊢⊢⊢→ 1

____ < ____ < ____ < ____

b) $\frac{3}{10}$ = 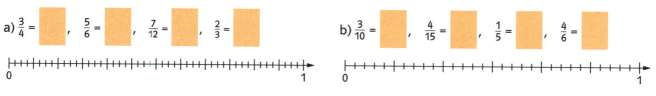 , $\frac{4}{15}$ = , $\frac{1}{5}$ = , $\frac{4}{6}$ =

0 ⊢⊢⊢⊢⊢⊢⊢⊢⊢⊢⊢⊢⊢⊢⊢⊢⊢⊢⊢⊢⊢⊢⊢→ 1

____ < ____ < ____ < ____

c) $\frac{7}{16}$ = 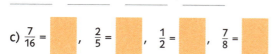 , $\frac{2}{5}$ = , $\frac{1}{2}$ = , $\frac{7}{8}$ =

0 ⊢⊢⊢⊢⊢⊢⊢⊢⊢⊢⊢⊢⊢⊢⊢⊢⊢⊢⊢⊢→ 1

____ < ____ < ____ < ____

d) $\frac{3}{5}$ = 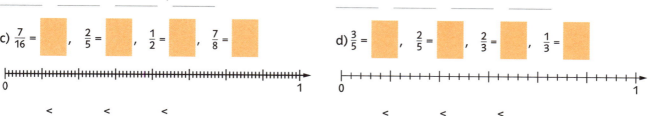 , $\frac{2}{5}$ = , $\frac{2}{3}$ = , $\frac{1}{3}$ =

0 ⊢⊢⊢⊢⊢⊢⊢⊢⊢⊢⊢⊢⊢⊢⊢⊢⊢⊢⊢⊢→ 1

____ < ____ < ____ < ____

2 Vergleiche die Anteile und setze das passende Zeichen ein: <, > oder =.

a) $\frac{2}{5}$ ☐ $\frac{4}{7}$ b) $\frac{4}{10}$ ☐ $\frac{3}{7}$ c) $\frac{3}{13}$ ☐ $\frac{2}{12}$ d) $\frac{2}{5}$ ☐ $\frac{4}{5}$

e) $\frac{27}{30}$ ☐ $\frac{9}{10}$ f) $\frac{9}{14}$ ☐ $\frac{13}{20}$ g) $\frac{7}{5}$ ☐ $\frac{3}{2}$ h) $\frac{5}{5}$ ☐ $\frac{3}{3}$

i) $\frac{19}{42}$ ☐ $\frac{6}{14}$ j) $\frac{2}{3}$ ☐ $\frac{2}{4}$ k) $\frac{124}{52}$ ☐ $\frac{31}{13}$ l) $\frac{12}{3}$ ☐ $4\frac{1}{3}$

3 Bei den Bundesjugendspielen haben die Klasse 7a und 7b eine Liste über die erzielten Urkunden erstellt.

		Ehrenurkunde	Siegerurkunde	ohne Urkunde	Summe
7a	Anzahl	8	19	3	
	Relative Anteile				
7b	Anzahl	7	21	4	
	Relative Anteile				

a) Wie viele Schülerinnen und Schüler besuchen die Klassen? Trage die Werte in die Tabelle ein.

b) Felix stellt fest: „Die Klasse 7a hat insgesamt _____ Urkunden erreicht, die Klasse 7b _____ . Deshalb ist das Ergebnis der Klasse 7b besser." Melanie führt einen relativen Vergleich der Urkundenzahl im Verhältnis zur Anzahl der Schülerinnen und Schüler durch: „Bei der 7a erhalte ich _____ , bei der 7b beträgt der Anteil _____ . Deshalb ist im relativen Vergleich die Klasse _____ besser."

4 Thea hat im ersten Diktat (75 Wörter) drei Fehler gemacht, im zweiten Diktat (60 Wörter) zwei Fehler und im dritten Diktat (80 Wörter) vier Fehler. Ihre Leistung ist im _____ Diktat am besten, im _____ Diktat am schlechtesten. Begründe: _____

_____

1 In den Abbildungen siehst du Figuren, bei denen einzelne Teile gefärbt sind. Welcher Bruchteil ist jeweils gefärbt? Gib auch in Prozent an.

a)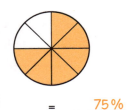

$\frac{6}{8}$ = 75 %

b)

_____ = _____

c)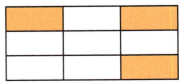

_____ = _____

d)

_____ = _____

e)

_____ = _____

f)

_____ = _____

2 Brüche kann man durch Erweitern oft als Vielfache von Zehnerpotenz-Brüchen darstellen und von da in die Dezimalbruch- und Prozent-Schreibweise wechseln. Fülle die Lücken in der Tabelle aus. Verbinde die Prozentwerte aus der Tabelle nacheinander im Bild unten.

Bruch	$\frac{1}{25}$	$\frac{3}{10}$		$\frac{5}{16}$		$\frac{4}{1}$		$\frac{1}{8}$
Bruch mit Nenner 10, 100, 1000, …	$\frac{4}{100}$		$\frac{625}{1000}$		$\frac{75}{1000}$		$\frac{25}{100}$	$\frac{150}{100}$
Dezimalbruch	0,04		0,75		0,52		0,42	
Prozent	4 %							

3 Schreibe jede Prozentangabe als Hundertstel und kürze, wenn möglich.

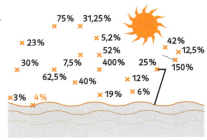

a) 4 % = _____

b) 25 % = _____

c) 80 % = _____

d) 35 % = _____

e) 250 % = _____

f) 12,5 % = _____

g) 32 % = _____

h) 0,2 % = _____

4 a) Bei welcher Bude würdest du dein Glück versuchen? _____
Rechne für den Vergleich die Brüche in Prozentangaben um und umgekehrt.

A

50 Lose,
10 Gewinne,
40 Nieten

B

Von 40 Schüssen
trifft die Hälfte –
garantiert.

C

$\frac{30}{40}$
Gewinne

D

Jede weiße
Kugel gewinnt.

E

10 Gewinne
bei 25 Losen

F

15 %
Gewinne

b) Ordne die Brüche: _____ < _____ < _____ < _____ < _____

c) Ordne die Prozentangaben: _____ < _____ < _____ < _____ < _____

1 Gesucht ist der _____ . Berechne und notiere die Lösung.

a) 40 % von 96 € = _____

b) 25 % von 102 kg = _____

c) 92 % von 360 l = _____

d) 0,2 % von 800 ha = _____

e) 14 % von 500 g = _____

f) 0,03 % von 960 m = _____

2 Was ist bei diesen Aufgaben gesucht? _____ Berechne und notiere die Lösung.

a) 17 von 200 = _____

b) 8 von 25 = _____

c) 450 g von 1 kg = _____

d) 12 s von 1 min = _____

e) 3,5 cm von 5 cm = _____

f) 0,35 m von 1 m = _____

3 Was ist bei diesen Aufgaben gesucht? _____ Berechne und notiere die Lösung.

a) 15 % sind 300 €; _____

b) 0,25 % sind 4,5 ml; _____

c) 40 % sind 25 l; _____

d) 150 % sind 450 kg; _____

e) 50 % sind 28 m; _____

f) 20 % sind 8 cm; _____

4 Löse das Kreuzzahlrätsel. Setze Kommas in eigene Kästchen.

a	b	c		d	e
f			g		
		h		i	
j	k				
			l		
m		n			o
		p			
q			r		

Waagerecht
a) 50 % von 248
d) $\frac{1}{3}$ von 126
f) 12,5 % von 428,8
h) 700 % davon sind 16,45.
j) Prozentsatz ist 0,1 %, der Prozentwert beträgt 418,34 €.
l) Produkt aus 7 und 3
m) Differenz aus 1200 und 358
p) 72 % als Dezimalbruch
q) Das Produkt aus der Quadratzahl von 2 u. 23
r) 25 % davon ergeben 32,75 cm.

Senkrecht
a) 10 % von 154
b) $\frac{1}{5}$ von 115
c) 0,5 % von 856
d) So viele Ganze: 400 %
e) Addiere 12,5 % zu dem Grundwert 2000.
g) 3 % von 210,67 €
i) 1025,19 sind 300 %
o) Quadratzahl von 11
k) Das Doppelte von 52
m) Für 1195 € erhält man 106,35 € Zinsen. Zinssatz?
n) Ein Fünftel multipliziert mit 100

5 In der Straßenbahn werden die Fahrausweise kontrolliert. Von den 64 kontrollierten Personen fahren acht ohne gültigen Fahrausweis. Trage ein: Prozentwert (___), Grundwert (_____) und Prozentsatz (_____)

6 Herr Schmidt muss eine Rechnung über 1438,00 € bezahlen. Er zieht vom Rechnungsbetrag 2 % ab (_____ €), da er die Rechnung innerhalb von 10 Tagen bezahlt. Er zahlt also _____ €.

7 Herr Sicher legt jeden Monat 5 % seines Gehaltes, nämlich 155 €, zurück. Wie hoch ist sein Monatsgehalt?
Gesucht: ☐ G ☐ p ☐ W   Sein Monatsgehalt beträgt _____ .

1 Sechs Prozentaufgaben wurden auf Kärtchen geschrieben. Auf einigen der Karten findest du eine wichtige Information. Handelt es sich dabei um den Grundwert, den Prozentwert oder den Prozentsatz? Verbinde die Karte mit dem passenden Begriff.

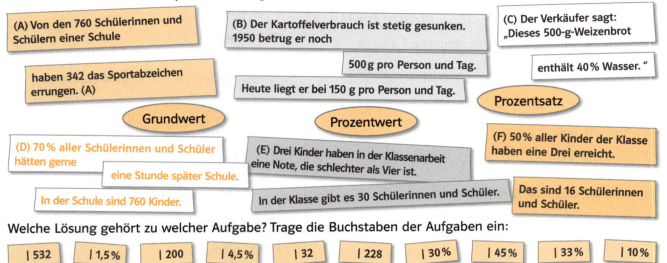

(A) Von den 760 Schülerinnen und Schülern einer Schule

(B) Der Kartoffelverbrauch ist stetig gesunken. 1950 betrug er noch

(C) Der Verkäufer sagt: „Dieses 500-g-Weizenbrot

500g pro Person und Tag.

enthält 40% Wasser. "

haben 342 das Sportabzeichen errungen. (A)

Heute liegt er bei 150 g pro Person und Tag.

Prozentsatz

Grundwert

Prozentwert

(D) 70% aller Schülerinnen und Schüler hätten gerne

(E) Drei Kinder haben in der Klassenarbeit eine Note, die schlechter als Vier ist.

(F) 50% aller Kinder der Klasse haben eine Drei erreicht.

eine Stunde später Schule.

In der Schule sind 760 Kinder.

In der Klasse gibt es 30 Schülerinnen und Schüler.

Das sind 16 Schülerinnen und Schüler.

Welche Lösung gehört zu welcher Aufgabe? Trage die Buchstaben der Aufgaben ein:

| 532 | 1,5% | 200 | 4,5% | 32 | 228 | 30% | 45% | 33% | 10%

2 Fülle die Lücken aus. Die Lösungen für die Tabelle findest du unten auf den Lösungskärtchen. Zusammen mit den Lösungen der Aufgaben 3 und 4 ergibt sich ein Lösungsspruch.

a) Grundwert: _____

p%	10%	20%	25%	45%	50%	100%
W	60					

b) Grundwert: _____

p%		10%		40%		100%
W	6		30		90	120

3 Berechne den Prozentsatz. Die Lösungen dieser Aufgabe findest du unten auf den Lösungskärtchen. Trage die Buchstaben ebenfalls in den Lösungssatz ein.

	a)	b)	c)	d)	e)	f)	g)	h)
W	18 m	54 g	12 h	24 m²	6 l	14 €	23 cm	74,4
G	600 m	450 g	60 h	48 m²	60 l	25 €	0,4 m	240
p%								

4 Bestimme den Prozentsatz. Runde das Ergebnis auf eine Stelle nach dem Komma. Die Lösungen findest du auf den Lösungskärtchen.

a) 5 000 von 2 000 000: _____

b) 2 t von 3 t: _____

c) 2 m von 7 m: _____

d) 250 g von 6 000 g: _____

e) 5,20 € von 4,80 €: _____

5 Bestimme den Prozentwert.

a) 5% von 8 000 Enten: _____

b) 25% von 2 500 g: _____

c) 12,5% von 3 000 _____

d) 0,1% von 4 800 cm: _____

e) 7% von 700: _____

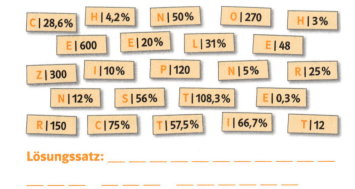

C | 28,6%   H | 4,2%   N | 50%   O | 270   H | 3%

E | 600   E | 20%   L | 31%   E | 48

Z | 300   I | 10%   P | 120   N | 5%   R | 25%

N | 12%   S | 56%   T | 108,3%   E | 0,3%

R | 150   C | 75%   T | 57,5%   I | 66,7%   T | 12

Lösungssatz: __ __ __ __ __ __ __ __ __ __ __ __

__ __ __ __   __ __ __ __ __

6 Vergleiche. Trage <, > oder = ein.

a) 0,2 ☐ 2%   b) 12,5% ☐ 0,125   c) 0,54 ☐ 5,4%   d) 69% ☐ 6,9   e) 200% ☐ 2

Prozentsatz, Prozentwert, Grundwert berechnen (3)

1 Der Sportverein Muskelpumpe hat 720 Mitglieder.

a) Wie viele Mitglieder des Vereins spielen Fußball?

_____

b) Wie viele Mitglieder gehören der

Schwimmabteilung an? _____

c) Am Sportfest des Vereins nehmen 30% aller

Mitglieder, nämlich _____ Personen teil.

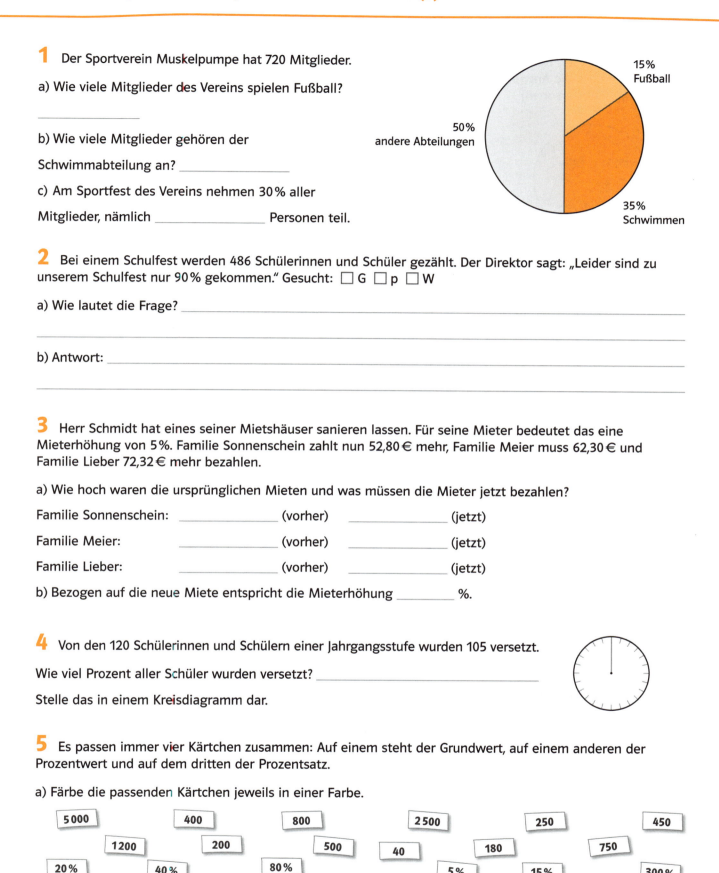

15%
Fußball

50%
andere Abteilungen

35%
Schwimmen

2 Bei einem Schulfest werden 486 Schülerinnen und Schüler gezählt. Der Direktor sagt: „Leider sind zu unserem Schulfest nur 90% gekommen." Gesucht: ☐ G ☐ p ☐ W

a) Wie lautet die Frage? _____

_____

b) Antwort: _____

_____

3 Herr Schmidt hat eines seiner Mietshäuser sanieren lassen. Für seine Mieter bedeutet das eine Mieterhöhung von 5%. Familie Sonnenschein zahlt nun 52,80 € mehr, Familie Meier muss 62,30 € und Familie Lieber 72,32 € mehr bezahlen.

a) Wie hoch waren die ursprünglichen Mieten und was müssen die Mieter jetzt bezahlen?

Familie Sonnenschein: _____ (vorher)   _____ (jetzt)

Familie Meier: _____ (vorher)   _____ (jetzt)

Familie Lieber: _____ (vorher)   _____ (jetzt)

b) Bezogen auf die neue Miete entspricht die Mieterhöhung _____ %.

4 Von den 120 Schülerinnen und Schülern einer Jahrgangsstufe wurden 105 versetzt.

Wie viel Prozent aller Schüler wurden versetzt? _____

Stelle das in einem Kreisdiagramm dar.

5 Es passen immer vier Kärtchen zusammen: Auf einem steht der Grundwert, auf einem anderen der Prozentwert und auf dem dritten der Prozentsatz.

a) Färbe die passenden Kärtchen jeweils in einer Farbe.

| 5 000 | 400 | 800 | 2 500 | 250 | 450 |

| 1200 | 200 | 500 | 40 | 180 | 750 |

| 20% | 40% | 80% | 5% | 15% | 300% |

b) Es sind sechs leere Kärtchen vorhanden. Schreibe die zu den Prozentsätzen gehörenden vollständig gekürzten Brüche auf die leeren Kärtchen und färbe auch sie passend.

Prozentrechnen im Alltag

1 Im Rahmen einer Befragung der Besucher eines mehrtägigen Parkfestes wurde nach dem Alter der Personen gefragt. Die Antworten sind in den Kreisdiagrammen dargestellt.

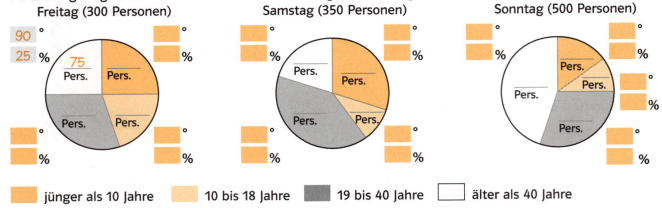

jünger als 10 Jahre   10 bis 18 Jahre   19 bis 40 Jahre   älter als 40 Jahre

a) Miss in den Kreisdiagrammen die Gradzahl für jeden Sektor und trage sie ein.

b) Berechne für jeden Sektor den dargestellten Prozentanteil. Beispiel: $90° \cdot \frac{100}{360°} \triangleq 25\%$. Trage den Prozentanteil ebenfalls ein.

c) Die Besucherzahlen waren sehr unterschiedlich. Berechne die Anzahl der Personen für jeden Sektor und trage sie ein. Beispiel: 25 % sind $\frac{300}{100} \cdot 25 = 75$ Personen

d) Entscheide anhand deiner Berechnungen, ob die folgenden Aussagen richtig oder falsch sind. Gibt es auch Aussagen, bei denen du keine Entscheidung treffen kannst?

Aussage	richtig	falsch	??
A – Am Freitag war die Anzahl der Besucher am geringsten.	○	○	○
B – Am Sonntag waren es gegenüber Freitag 150 % mehr Personen.	○	○	○
C – An den gezeichneten Diagrammen kann man sofort erkennen, dass die Anzahl der Kinder am Freitag am höchsten war.	○	○	○
D – Kinder wurden von ihren Eltern begleitet. Das erkennt man daran, dass es am Freitag und Samstag mehr Kinder als Eltern waren.	○	○	○
E – Aus den Diagrammen kann man sofort auf die Anzahl der Personen schließen.	○	○	○
F – 50 Kinder waren an zwei Tagen dabei.	○	○	○

2 Matthias, Paula, Steffen und Ayla wollen eine Übersicht über den Fettgehalt von Knabberartikeln erstellen. Sie finden im Internet eine Tabelle, in der der Fettgehalt in Prozent angegeben wird.

Tüte mit	Knabberartikel	Fettgehalt	
40 g	Salzstangen	0 %	g
100 g	Cracker	11 %	g
100 g	Popcorn	8 %	g
150 g	Erdnusslocken	24 %	g
50 g	Kartoffelchips	34 %	g
50 g	Erdnüsse	50 %	g
200 g	Macadamianüsse	72 %	g

a) Berechne den Fettgehalt in g und trage ihn ein.

b) Laut medizinischem Ratschlag sollen Erwachsene höchstens 30 % ihres Kalorienbedarfs pro Tag in Form von Fett zu sich nehmen. Bei einem Mann entspricht das ca. 80 g Fett, bei einer Frau 60 g Fett.

Das sind pro Tag weniger als _____ kleine Chips-tüten für einen Mann und _____ für eine Frau.

3 Ein Geschäft hat einige seiner Artikel im Preis herabgesetzt. Berechne jeweils die Ersparnis oder den Rabatt sowie den neuen Preis.

alter Preis	Rabatt	Ersparnis	neuer Preis
99,90 €	10 %		
39,90 €	30 %		
19,90 €	20 %		
21,90 €		6,57 €	

Fülle die Lücken. Für jeden Buchstaben findest du einen Strich. Löse dann die Beispielaufgaben.

■ Absoluter und relativer Vergleich

Vergleicht man Zahlen _ _ _ _ _ _ miteinander, so nennt man das

den absoluten Vergleich. Wenn man die _ _ _ _ _ _ _ miteinander

vergleicht, spricht man vom relativen Vergleich.

■ In der 7b (20 Personen) wurden 15 € für einen guten Zweck gesammelt, in der Klasse 7c (30 Personen) 21 €. Absolut hat

die Klasse ____ mehr gesammelt,

relativ die Klasse ____, denn

$\frac{15}{20} = \frac{\boxed{}}{100}$ ist ____ $\frac{21}{\boxed{}} = \frac{\boxed{}}{100}$

■ Prozente

Hat ein Bruch den Nenner _____, so kann man ihn als

_ _ _ _ _ _ _ _ _ _ _ _ _ oder in Prozent angeben.

■ $\frac{17}{100} = 0,$ ___ $=$ ___ %

■ $\frac{3}{4} = \frac{\boxed{}}{100} =$ ___ $=$ ___ %

■ Darstellung in Diagrammen

Prozentsätze kann man besonders gut in Prozentstreifen oder Prozent-

_ _ _ _ _ _ _ veranschaulichen. Erstere kann man besonders leicht zeichnen, wenn 100 % 10 cm lang sind. 100 % beim Kreisdiagramm

entsprechen 360° und 1% demzufolge ___°.

■ Vervollständige die Diagramme.

10% 25%

____ %; ____° ____ %; 36 °

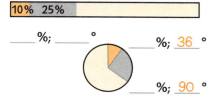

____ %; 90 °

■ Berechnung des Prozentsatzes

Der Prozentsatz gibt den Anteil in _ _ _ _ _ _ an $\left(p\,\% = \frac{p}{100}\right)$.

Man berechnet ihn: Prozentsatz $= \frac{\text{Prozentwert}}{\text{Grundwert}}$; kurz: p % = ____

Es gibt auch Prozentsätze, die größer als 100 % sind.
Beispiel: Das Doppelte von 4 € sind 8 €, das sind 200 % von 4 €.

Wie viel Prozent sind 48 von 240?
■ Lösung mit Dreisatz:

240 — 100 %

1 — $\frac{100}{240}$ %

48 — $\frac{100 \cdot 48}{240}$ % = ____ %

■ Lösung mit Formel:

p % = _____

■ Berechnung des Prozentwertes

Ein prozentualer _ _ _ _ _ _ des Grundwertes ist der Prozentwert.

Prozentwert = Grundwert · Prozentsatz; kurz: W = _____ = $\frac{\boxed{}}{100}$

Ist der Prozentsatz kleiner als 100 %, so ist auch der Prozentwert kleiner als der Grundwert.

Wie viel sind 55 % von 500 m?
■ Lösung mit Dreisatz:

100 % — 500 m

1 % — $\frac{\boxed{}}{100}$ m = ___ m

55 % — ___ m · 55 = ____ m

■ Berechnung des Grundwertes

Das _ _ _ _ _ _ ist die Gesamtmenge oder der Grundwert (= 100 %).

Grundwert $= \frac{\text{Prozentwert}}{\text{Prozentsatz}}$; kurz: G = _____ = _____

35 % sind 700. Wie viel sind 100 %?
■ Lösung mit Dreisatz:

35 % — 700

1 % — $\frac{700}{35}$

100 % — $\frac{700 \cdot 100}{35}$ = _____

■ mit Formel:

G = _____

Zufallsversuche

1 Gestalte die Glücksräder so, dass es ein faires Spiel für die angegebene Personenzahl gibt. Gib für die leeren Räder einen weiteren Vorschlag an.

a) für zwei Personen

b) für drei Personen

2 Welche der folgenden Geräte sind Zufallsgeräte? Kreuze an.

a)

☐ Würfel

b)

☐ Spielstein

c)

☐ Münze

d)

☐ Kilometerzähler

e)

☐ Wecker

3 Welche der folgenden Vorgänge sind Zufallsexperimente? Entscheide. Wenn es sich um ein Zufallsexperiment handelt, nenne zwei mögliche Ergebnisse des Experiments.

Vorgang	Ja	Nein	Mögliche Ergebnisse
a) Eine Autofarbe wird ausgesucht.	○	○	
b) Ein Farbenwürfel wird geworfen.	○	○	
c) Eine CD wird mit geschlossenen Augen aus dem Regal genommen.	○	○	
d) Ein Glücksrad mit den Sektoren „Gewinn" und „Niete" wird gedreht.	○	○	
e) Ein Blinker beim Auto wird gesetzt.	○	○	
f) Ein Lottoschein wird ausgefüllt und abgegeben.	○	○	

4 Beim Würfelspiel „Kniffel" würfelt man mit fünf Würfeln. Jeder Spieler hat drei Würfe. Nach jedem Wurf kann man so viele Würfel in den Becher zurücklegen, wie man möchte.

a) Peter hat bereits zweimal gewürfelt. Er möchte möglichst viele Sechsen würfeln. Vier Sechsen hat er schon herausgelegt. Er legt einen Würfel in den

Becher zurück. Welche Ergebnisse sind möglich? _____

_____

Er hofft, dass er noch eine Sechs würfelt, da er für fünf gleiche Würfel (das ist ein Kniffel) 50 Punkte erhält. Die Chance darauf ist ☐ eher hoch ☐ eher gering.

b) Auch Marita hat zweimal gewürfelt. Sie hat eine „Straße" herausgelegt. Sie legt einen Würfel in den Becher zurück. Welche Ergebnisse sind möglich?

_____

Sie hofft darauf, dass sie entweder eine Eins oder eine Sechs würfelt, da sie dann eine „Große Straße" hat, für die sie 40 Punkte bekommt. Die Chance darauf ist ☐ eher hoch ☐ eher gering.

1 Gib jeweils die Wahrscheinlichkeiten mithilfe eines Bruches an.
Wie groß ist die Wahrscheinlichkeit,

a) von drei Birnen die mit dem Wurm zu erwischen? _____

b) mit einem 6-seitigen Würfel eine Drei zu würfeln? _____

c) bei einer Münze die Zahl oben zu sehen? _____

d) eine 2 als letzte Ziffer der Telefonnummer zu haben? _____

2 In einem Gefäß befinden sich zwölf Kugeln. Die Hälfte der Kugeln ist gelb. Außerdem sind noch weiße und rote Kugeln enthalten. Es sind zwei rote Kugeln mehr als weiße Kugeln.

a) Male die Kugeln entsprechend aus.

b) Die Wahrscheinlichkeit, eine rote Kugel zu ziehen, nachdem bereits

eine rote Kugel gezogen worden ist, beträgt _____.

c) Es wurden bereits alle weißen und eine rote Kugeln gezogen.

Wie groß ist die Wahrscheinlichkeit, beim nächsten Zug eine andere

rote Kugel zu ziehen? _____.

3 Fülle die Tabelle aus.

Bestimme die Wahrscheinlichkeit,	Bruch	Dezimalbruch	Prozent
a) mit einem Würfel eine Eins zu würfeln.			
b) mit einem 20-seitigen Würfel eine Drei zu würfeln.			
c) aus sieben Überraschungseiern die Spielfigur zu ziehen.			
d) dass deine Mathematiklehrerin an einem Dienstag geboren wurde.			
e)	$\frac{1}{2}$		

4 a) Die Wahrscheinlichkeit, einen Hauptgewinn zu erzielen, beträgt _____.

b) Die Wahrscheinlichkeit, einen Trostpreis zu erzielen, ist _____.

c) Die Wahrscheinlichkeit für eine Niete ist _____.

d) Wenn Silvia das Rad 500-mal dreht, kann sie etwa _____-mal einen Hauptgewinn

erwarten, etwa _____ -mal einen Trostpreis und etwa _____ -mal eine Niete.

Das Glücksrad
Hauptpreis bei Orange
Trostpreis bei Grau
Sonst leider verloren

5 Freddy zieht 50-mal blind eine der 20 Kugeln aus dem Behälter. Dabei legt er jede gezogene Kugel vor dem nächsten Zug in den Behälter zurück.
a) Die Wahrscheinlichkeit dafür, bei einem Zug eine orange Kugel zu erwischen,

beträgt _____.

b) Bei 50 Ziehungen wird er etwa _____ -mal eine orange Kugel, _____ -mal

eine graue und _____ -mal eine weiße Kugel ziehen.

Ereignisse

1 Zeichne in das Gefäß 3 schwarze, 5 weiße und 12 orange Kugeln.
Gib jeweils die Wahrscheinlichkeit als Bruch und in Prozent an.

Wahrscheinlichkeit,	mögliche Ergebnisse	günstige Ergebnisse	Wahrschein-lichkeit
a) eine weiße Kugel zu ziehen.			
b) eine schwarze oder orange Kugel zu ziehen.			
c) eine schwarze Kugel zu ziehen, nachdem schon zwei schwarze Kugeln gezogen worden sind.			
d) eine weiße Kugel zu ziehen, nachdem schon alle anderen weißen Kugeln gezogen worden sind.			

2 Färbe die Glücksräder richtig ein. Berechne die fehlende Wahrscheinlichkeit.

a) 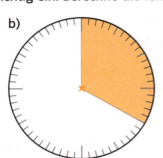   b)   c)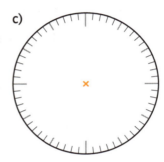

Rot kommt dreimal so häufig vor wie Gelb und zusammen kommen sie genauso häufig vor wie Grün.

Rot: 50 %   Orange: _____   Rot: _____

Gelb: 25 %   Weiß: _____   Gelb: _____

Blau: _____   Grün: _____

3 In einer Klasse sind 17 Mädchen und 11 Jungen. Der Fußballverein des Ortes hat der Klasse eine Freikarte für das nächste Heimspiel zur Verfügung gestellt. Diese soll jetzt verlost werden. Dazu haben die Kinder ihre Namen auf Zettel geschrieben.
a) Die Wahrscheinlichkeit dafür, dass die Freikarte an einen Jungen geht,

beträgt_____.

b) Die Wahrscheinlichkeit dafür, dass die Freikarte von einem Mädchen gewonnen wird, beträgt _____.

4 Du würfelst mit einem normalen Spielwürfel. Gib jeweils die günstigen Ausgänge an und berechne ihre Wahrscheinlichkeiten.

a) Die gewürfelte Zahl ist eine Sechs.

Günstige Ausgänge: _____

Wahrscheinlichkeit: _____

c) Die gewürfelte Zahl ist ein Teiler von 6.

Günstige Ausgänge: _____

Wahrscheinlichkeit: _____

b) Die gewürfelte Zahl ist gerade.

Günstige Ausgänge: _____

Wahrscheinlichkeit: _____

d) Die gewürfelte Zahl ist kleiner als fünf.

Günstige Ausgänge: _____

Wahrscheinlichkeit: _____

Schätzen von Wahrscheinlichkeiten

1 Entscheide, ob die absolute Häufigkeit (aH) oder die relative Häufigkeit (rH) angegeben ist.

a) Martin hat zweimal hintereinander eine Sechs gewürfelt. _____

b) Jede dritte Zahl ist durch drei teilbar. _____

c) Max hat an zwei von fünf Abenden Computer gespielt. _____

d) Nach sieben Versuchen hat Pia endlich den Basketballkorb getroffen. _____

e) Michael arbeitete montags jeweils drei Stunden im Garten. _____

f) Zwei Drittel der Schüler machen lieber Mathe- als Deutschhausaufgaben. _____

2 Markus und Britt testen einen Würfel, um zu überprüfen, ob er gezinkt ist.

```
2 3 4 5 1 6     1 6 3 1 4 2     2 5 6 1 1 2     1 3 6 4 6 1
1 3 4 1 2 2     2 3 1 4 5 2     3 1 1 5 4 6     4 3 5 5 1 2
3 4 3 1 5 4     1 1 3 5 5 1     3 5 4 6 6 1     1 4 6 6 1 1
```

a) Fülle die Tabelle aus.

Würfelaugen	⚀	⚁	⚂	⚃	⚄	⚅
Strichliste						
absolute Häufigkeit						
relative Häufigkeit						
in Prozent						

b) Welche der folgenden Verteilungen sind wahrscheinlich? Kreuze an.

Würfelaugen	⚀	⚁	⚂	⚃	⚄	⚅	Verteilung realistisch
Anzahl bei 10 000 Würfen	2 235	1 533	1 556	1 509	1 606	1 561	☐
Anzahl bei 100 000 Würfen	16 685	17 016	16 507	17 438	16 233	16 121	☐

3 Veronica behauptet: „Die Wahrscheinlichkeit, mit dem abgebildeten Würfel eine Sechs zu werfen, liegt bei $\frac{1}{8}$, ist also kleiner als bei einem normalen Würfel." Veronica probiert es aus und erhält die folgende Tabelle für die absoluten Häufigkeiten nach 20, 100, 450 Würfen.

a) Berechne die zugehörigen relativen Häufigkeiten auf zwei Nachkommastellen genau und trage sie in die rechte Tabelle ein.

b) Schätze nun die Wahrscheinlichkeiten (in Prozent) und trage die Werte in die Tabelle ein. Stimmt Veronicas Behauptung?

gewürfelte Zahl		1	2	3	4	5	6	7	8
Anzahl der Würfe	20	3	1	4	4	2	1	4	1
	100	15	7	11	16	13	16	14	8
	450	52	51	62	60	62	56	52	55

gewürfelte Zahl		1	2	3	4	5	6	7	8
Anzahl der Würfe	20								
	100								
	450								
Wahrscheinlichkeit									

Fülle die Lücken. Für jeden Buchstaben findest du einen Strich. Löse dann die Beispielaufgaben.

■ **Zufallsversuche**
Zufallsversuche führt man mit einem Zufalls-

_ _ _ _ _ durch. Dies können z. B. Glücksräder, Münzen oder Würfel sein.

_ _ _ _ _ _ _ _ Ergebnisse sind alle Ergebnisse, die sich ereignen können.

■ Welche zwei Ergebnisse sind beim Wurf einer

Münze möglich? _____ und _____

■ Welche Ergebnisse sind bei dem Glücksrad

möglich? _____

■ **Wahrscheinlichkeiten**
Die Summe aller Wahrscheinlichkeiten bei einem

Zufallsversuch ist _ (= 100 %). Sind dabei alle möglichen Ergebnisse gleich

_ _ _ _ _ _ _ _ _ _ _ _ _ _, so wird durch

den Bruch $\frac{1}{\text{Anzahl der möglichen Ergebnisse}} = \frac{1}{n}$
die Wahrscheinlichkeit angegeben.

■ Wie groß ist die Wahrscheinlichkeit, die Zahl 2 zu drehen?

___

■ Gib die einzelnen Wahrscheinlichkeiten an.

Orange : ___

Grau: ___ = ___

Weiß: ___ = ___

■ **Ereignisse**
Alle Ergebnisse, die zum Erfolg führen, heißen günstige Ergebnisse. Zusammen bilden sie ein

_ _ _ _ _ _ _ _ _. Die Wahrscheinlichkeit eines Ereignisses berechnet man durch

$\frac{\text{Anzahl der günstigen Ergebnisse}}{\text{Anzahl der möglichen Ergebnisse}} = \frac{m}{n}$

■ Wie groß ist die Wahrscheinlichkeit, mit diesem Oktaeder-Würfel eine gerade Zahl zu würfeln?
Anzahl der ...

... möglichen Ergebnisse: _____

... günstigen Ergebnisse: _____

Wahrscheinlichkeit: _____

■ **Schätzen von Wahrscheinlichkeiten**
Bei manchen Zufallsversuchen müssen die Wahrscheinlichkeiten der möglichen Ergebnisse geschätzt werden. Hierzu führt man den Versuch möglichst oft durch und berechnet die

_ _ _ _ _ _ _ _ Häufigkeit. Diese nutzt man zum

_ _ _ _ _ _ _ _ von Wahrscheinlichkeiten der möglichen Ergebnisse.

■ Mit diesem Quader wurde insgesamt 1000-mal geworfen. Es war 788-mal Orange und

_____-mal Grau oben zu sehen.
Für die Wahrscheinlichkeit ergeben sich also folgende Schätzwerte:

$\frac{}{1000}$ = _____ % für Orange

$\frac{}{1000}$ = _____ % für Grau.

1 Rechne geschickt. Denke an das Distributivgesetz (Verteilungsgesetz).

a) $\frac{1}{3} \cdot \frac{8}{9} + \frac{1}{3} \cdot \frac{1}{9} =$ _____

b) $\frac{4}{7} \cdot \left(\frac{7}{8} + \frac{7}{12}\right) =$ _____

c) $\frac{4}{5} \cdot \frac{3}{13} + \frac{4}{5} \cdot \frac{7}{13} =$ _____

d) $\frac{5}{12} \cdot \left(48 + \frac{36}{25}\right) =$ _____

2 Sandra sind beim Ausfüllen der Tabellen ein paar Fehler unterlaufen. Streiche falsche Zahlen oder Rechenwege durch und verbessere.

a) Aufteilung von Minischokoladetafeln

Anzahl Kinder	Anzahl Minischokoladen
2	36
4	18
8	9
12	27

b) Leerpumpen eines Teiches

Anzahl Pumpen	Dauer (in h)
2	18
4	9
6	9
18	3

3 Berechne. Wähle einen sinnvollen Zwischenschritt.

a) Katrin hat sich einen 50er-Pack CD-Rohlinge gekauft und dafür 8,00 € bezahlt.
Christof kauft ihr 20 Rohlinge ab und zahlt

dafür _____ €.

Anzahl	Preise

b) Eine Zehnerkarte im Schwimmbad kostet 25 €.
Markus war bereits siebenmal schwimmen.

Die Karte ist noch _____ € wert.

Anzahl	Preise

4 Zeichne folgende Vierecke in das Koordinatensystem. Um welche besonderen Vierecke handelt es sich?

a) A(−3|−2); B(−2|−3); C(2|1); D(1|2)

_____

b) E(−3|1,5); F(−2|0); G(−1|1,5); H(−2|3)

_____

c) I(−1|−2,5); J(1,5|−2,5); K(2,5|−1,5); L(0|−1,5)

_____

d) M(2|2); N(3|2); O(3|3); P(2|3)

_____

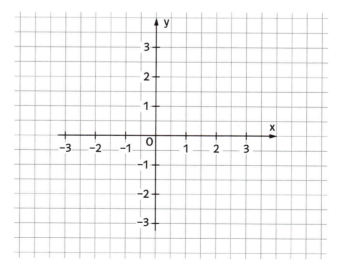

5 Welche Rechnungen sind fehlerhaft? Streiche sie durch.
Die zugehörigen Buchstaben ergeben das Lösungswort.

~~5 − 13 = −7 | M~~   −17 + 8 = −9 | S   −58 + 6 = −64 | R   57 − 60 = −3 | T   −10 + 13 = −3 | N

−5 − 23 = −28 | O   47 − 50 = 3 | E   12 − 8 = −4 | L   −99 − 99 = 0 | I   −38 − 13 = −51 | K

6 Berechne die Produkte möglichst im Kopf.

a) $-5 \cdot 0{,}5 =$ _____

b) $0{,}4 \cdot (-0{,}6) =$ _____

c) $(-1{,}2) \cdot (-1{,}2) =$ _____

d) $1{,}9 \cdot 1{,}9 =$ _____

e) $0{,}1 \cdot (-0{,}2) \cdot (+0{,}3) =$ _____

f) $(-1{,}5) \cdot (-2) \cdot (-0{,}3) =$ _____

g) $(-2{,}5) \cdot 0{,}2 \cdot (-0{,}8) =$ _____

h) $4 \cdot (-0{,}4) \cdot (-4) \cdot (-0{,}2) =$ _____

7 Bestimme alle fehlenden Winkel.

$\alpha =$ _____

$\beta =$ _____

$\gamma =$ _____

$\delta =$ _____

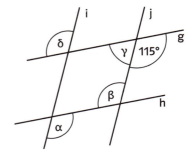

g ‖ h und i ‖ j

8 Zeichne jeweils die Diagonalen zwischen den orange markierten Punkten ein und notiere, in welche Dreiecksarten das Viereck aufgeteilt wird.

A _____

B _____

C _____

D _____

E _____

9 Das Dreieck mit den Angaben
b = 5,3 cm; α = 71° und γ = 46°

lässt sich nach _____ konstruieren.
Markiere zuerst in der Planfigur die gegebenen Stücke. Konstruiere dann das Dreieck.

10 Löse die Gleichungen.
Die Summe der Lösungen in der ersten Spalte ergibt 26, in der zweiten 18 und in der dritten 55.

a) $-a - 3 = -9$;   a = _____

b) $7 - 3b = -17$;   b = _____

c) $8d - 12 = 4$;   d = _____

d) $7n + 2 = 58$;   n = _____

e) $1 + y = 8$;   y = _____

f) $9 - 8c = -47$;   c = _____

g) $-3p + 2 = -19$;   p = _____

h) $4 + 7z = 18$;   z = _____

i) $7 + h = 49$;   h = _____

j) $x - 6 = -1$;   x = _____

k) $8c - 4 = 4$;   c = _____

l) $0{,}5m + 1 = 3$;   m = _____

a + n + p + x = _____

b + y + z + c = _____

d + c + h + m = _____

11 Ein Obstbauer erprobt unterschiedliche Sorten Birnen. Bei der Sorte A hat er 300 kg Birnen gelagert.

Nach einem Monat muss er davon 12 kg als verdorben aussortieren, das sind _____ % . Bei der Sorte B

hat er 380 kg Birnen gelagert, hier sortiert er 14 kg verdorbene Birnen aus (_____%).

Welche Birnensorte eignet sich besser für die Lagerung? _____

12 Lies den nebenstehenden Zeitungsartikel genau durch.
Wie viele Radfahrer verunglückten 2005 tödlich? Stimmt die Aussage:
„Alle sieben Minuten verunglückte ein Fahrradfahrer"?
a) Unterstreiche die Daten im Artikel, die du zur Beantwortung benötigst:

> Fahrradfahren ist gesund und entlastet die Umwelt. Aktuelle Unfallzahlen machen deutlich, dass sich viele Radfahrer der Gefahren zu wenig bewusst sind. 2005 hatte es laut Statistischem Bundesamt etwa 21 % mehr Verkehrstote unter Radfahrern gegeben als im Vorjahr (2004: 475). Im Jahr 2004 verunglückten 73 637 Fahrradfahrer, im Jahr 2005 waren es schon 78 438, das sind 6,5 % mehr. Durchschnittlich verunglückte 2005 alle sieben Minuten ein Fahrradfahrer und zog sich dabei teils schwerste Verletzungen zu. Besonders der Kopf ist gefährdet.

Im Jahr _____ wurden _____ Verkehrstote gezählt.

☐ Grundwert ☐ Prozentwert ☐ Prozentsatz

Im Jahr _____ waren es _____ mehr.

☐ Grundwert ☐ Prozentwert ☐ Prozentsatz

b) Gesucht ist also der ☐ Grundwert ☐ Prozentwert ☐ Prozentsatz

c) Rechenplan: _____ von _____ sind _____

Somit starben _____ Fahrradfahrer im Jahr 2005.

d) Dividiert man die Anzahl der Minuten pro Jahr (_____)

durch die Anzahl der verunglückten Radfahrer im Jahr 2005

(_____), so erhält man ungefähr _____.

Die Aussage, dass durchschnittlich alle sieben Minuten ein Fahrrad-

fahrer verunglückt, ist also _____.

13 Bestimme jeweils die Wahrscheinlichkeit, gib als gekürzten Bruch, als Dezimalbruch und in Prozent an.

Wahrscheinlichkeit	Bruch	Dezimalbruch	Prozent
a) eine schwarze Kugel zu ziehen			
b) eine gerade Zahl zu ziehen			
c) die Zahl Fünf zu ziehen			
d) eine ungerade Zahl zu ziehen			

14 Bewerte die folgenden Aussagen. Denke an die Funktion des Jokers.

Aussage	Ja	Nein	Nicht entscheidbar
a) Die Wahrscheinlichkeit, dass eine gerade Zahl kommt, beträgt $\frac{1}{2}$.			
b) Man hat nach zwölf Drehungen einmal den Joker dabei.			
c) Die Wahrscheinlichkeit, eine Zahl >2 zu erhalten, beträgt $\frac{1}{2}$.			
d) Die Wahrscheinlichkeit, dass das Rad auf der Drei stehen bleibt, beträgt $\frac{1}{3}$.			

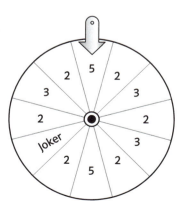

Die Seitenangaben in Schwarz verweisen auf die Lerneinheit, die in Orange auf den Merkzettel.